高职高专大数据技术专业系列教材

网络爬虫项目实践

主　编　李程文　唐建生　冯欣悦

副主编　王雪松　支艳利　董立国

康同曦　张良均

西安电子科技大学出版社

内 容 简 介

本书基于实际工作过程，采用任务驱动的方式编写。全书共四个项目，每个项目包含三个任务。教学内容由浅入深，所有的理论知识都通过项目得以贯通。任务从"任务目标—任务描述—任务实施—实践训练"四个环节入手，环环相扣，层层递进，集"教—学—做"于一体，适合教师循序渐进的教学方式和学生的自主学习方式。每个任务的选择都是从实际工作过程出发，通过实际操作指导学生解决问题，调动学生学习的积极性，使学生能较全面掌握不同场景下 Python 爬取网络数据的方法和技能。除此之外，本书还配有相应的任务素材、源程序和教案、课件、教学大纲、期末试卷及答案等教学资源，读者可通过西安电子科技大学出版社官方网站(http://www.xduph.com)下载。

本书读者对象为初学编程的自学者、大中专院校的老师和学生、相关培训机构的老师和学员、初中级程序开发人员和程序测试及维护人员。

图书在版编目(CIP)数据

网络爬虫项目实践 / 李程文，唐建生，冯欣悦主编. — 西安：西安电子科技大学出版社，2023.5(2025.1 重印)
ISBN 978-7-5606-6461-3

Ⅰ. ①网… Ⅱ. ①李… ②唐… ③冯… Ⅲ. ①软件工程—程序设计 Ⅳ. ①TP311.561

中国版本图书馆 CIP 数据核字(2022)第 061084 号

策　　划　明政珠
责任编辑　明政珠　孟秋黎
出版发行　西安电子科技大学出版社(西安市太白南路 2 号)
电　　话　(029)88202421　88201467　　　邮　　编　710071
网　　址　www.xduph.com　　　　　　电子邮箱　xdupfxb001@163.com
经　　销　新华书店
印刷单位　西安日报社印务中心
版　　次　2023 年 5 月第 1 版　　2025 年 1 月第 2 次印刷
开　　本　787 毫米 × 1092 毫米　　1/16　　印　张　12
字　　数　277 千字
定　　价　30.00 元

ISBN 978-7-5606-6461-3

XDUP 6763001-2

序

自从 2014 年大数据首次写入政府工作报告，大数据就逐渐成为各级政府关注的热点。2015 年 9 月，国务院印发了《促进大数据发展行动纲要》，系统部署了我国大数据发展工作，至此，大数据成为国家级的发展战略。2017 年 1 月，工信部编制印发了《大数据产业发展规划(2016—2020 年)》。

为对接大数据国家发展战略，教育部批准于 2017 年开办高职大数据技术专业，2017 年全国共有 64 所职业院校获批开办该专业，2020 年全国 619 所高职院校成功申报大数据技术专业，大数据技术专业已经成为高职院校最火爆的新增专业。

为培养满足经济社会发展需求的大数据人才，加强粤港澳大湾区区域内高职院校的协同育人和资源共享，2018 年 6 月，在广东省人才研究会的支持下，由广州番禺职业技术学院牵头，联合深圳职业技术学院、广东轻工职业技术学院、广东科学技术职业学院、广州市大数据行业协会、佛山市大数据行业协会、香港大数据行业协会、广东职教桥数据科技有限公司、广东泰迪智能科技股份有限公司等 200 余家高职院校、协会和企业，成立了广东省大数据产教联盟。联盟先后开展了大数据产业发展、人才培养模式、课程体系构建、深化产教融合等主题的研讨活动。

课程体系是专业建设的顶层设计，教材开发是专业建设和三教改革的核心内容。为了普及和推广大数据技术，为高职院校人才培养做好服务，西安电子科技大学出版社在广泛调研的基础上，结合自身的出版优势，联合广东省大数据产教联盟策划了"高职高专大数据技术专业系列教材"。

为此，广东省大数据产教联盟和西安电子科技大学出版社于 2019 年 7 月在广东职教桥数据科技有限公司召开了"广东高职大数据技术专业课程体系构建与教材编写研讨会"。来自广州番禺职业技术学院、深圳职业技术学院、深圳信息职业技术学院、广东科学技术职业学院、广东轻工职业技术学院、中山职业技术学院、广东水利电力职业技术学院、佛山职业技术学院、广东职教桥数据科技有限公司、广东泰迪智能科技股份有限公司和西安电子科技大学出版社等单位的 30 余位校企专家参与了研讨。大家围绕大数据技术专业人才培养定位、培养目标、专业基础(平台)课程、专业能力课程、专业拓展(选修)课程及教材编写方案进行了深入研讨，最后形成了如表 1 所示的高职高专大数据技术专业课程体系。在课程体系中，为加强动手能力培养，从第三学期到第五学期，开设了 3 个共 8 周的项目实践；为形成专业特色，第五学期的课程，除 4 周的"大数据项目开发实践"外，其他都是专业拓展课程，各学校根据区域大数据产业发展需求、学生职业发展需要和学校办学条件，开设纵向延伸、横向拓宽及 X 证书的专业拓展选修课程。

表1 高职高专大数据技术专业课程体系

序号	课 程 名 称	课程类型	建议课时
第 一 学 期			
1	大数据技术导论	专业基础	54
2	Python 编程技术	专业基础	72
3	Excel 数据分析与应用	专业基础	54
4	Web 前端开发技术	专业基础	90
第 二 学 期			
5	计算机网络基础	专业基础	54
6	Linux 基础	专业基础	72
7	数据库技术与应用(MySQL 版或 NoSQL 版)	专业基础	72
8	大数据数学基础——基于 Python	专业基础	90
9	Java 编程技术	专业基础	90
第 三 学 期			
10	Hadoop 技术与应用	专业能力	72
11	数据采集与处理技术	专业能力	90
12	数据分析与应用——基于 Python	专业能力	72
13	数据可视化技术(ECharts 版或 D3 版)	专业能力	72
14	网络爬虫项目实践(2 周)	项目实训	56
第 四 学 期			
15	Spark 技术与应用	专业能力	72
16	大数据存储技术——基于 HBase/Hive	专业能力	72
17	大数据平台架构(Ambari，Cloudera)	专业能力	72
18	机器学习技术	专业能力	72
19	数据分析项目实践(2 周)	项目实训	56
第 五 学 期			
20	大数据项目开发实践(4 周)	项目实训	112
21	大数据平台运维(含大数据安全)	专业拓展(选修)	54
22	大数据行业应用案例分析	专业拓展(选修)	54
23	Power BI 数据分析	专业拓展(选修)	54
24	R 语言数据分析与挖掘	专业拓展(选修)	54
25	文本挖掘与语音识别技术——基于 Python	专业拓展(选修)	54
26	人脸与行为识别技术——基于 Python	专业拓展(选修)	54
27	无人系统技术(无人驾驶、无人机)	专业拓展(选修)	54
28	其他专业拓展课程	专业拓展(选修)	
29	X 证书课程	专业拓展(选修)	
第 六 学 期			
29	毕业设计		
30	顶岗实习		

基于此课程体系，与会专家和老师研讨了大数据技术专业相关课程的编写大纲，各主编教师就相关选题进行了写作思路汇报，大家相互讨论，梳理和确定了每一本教材的编写内容与计划，最终形成了该系列教材。

　　本系列教材由广东省部分高职院校联合大数据与人工智能企业共同策划出版，汇聚了校企多方资源及各位主编和专家的集体智慧。在本系列教材出版之际，特别感谢深圳职业技术学院数字创意与动画学院院长聂哲教授、深圳信息职业技术学院软件学院院长蔡铁教授、广东科学技术职业学院计算机工程技术学院(人工智能学院)院长曾文权教授、广东轻工职业技术学院信息技术学院院长廖永红教授、中山职业技术学院信息工程学院院长赵清艳教授、顺德职业技术学院校长杨小东教授、佛山职业技术学院电子信息学院院长唐建生教授、广东水利电力职业技术学院大数据与人工智能学院院长何小苑教授，他们对本系列教材的出版给予了大力支持，安排学校的大数据专业带头人和骨干教师积极参与教材的开发工作；特别感谢广东省大数据产教联盟秘书长、广东职教桥数据科技有限公司董事长陈劲先生提供交流平台和多方支持；特别感谢广东泰迪智能科技股份有限公司董事长张良均先生为本系列教材提供技术支持和企业应用案例；特别感谢西安电子科技大学出版社副总编辑毛红兵女士为本系列教材提供出版支持；也要感谢广州番禺职业技术学院信息工程学院胡耀民博士、詹增荣博士、陈惠红老师、赖志飞博士等的积极参与。感谢所有为本系列教材出版付出辛勤劳动的各院校的老师、企业界的专家和出版社的编辑！

　　由于大数据技术发展迅速，教材中的欠妥之处在所难免，敬请专家和使用者批评指正，以便改正完善。

广州番禺职业技术学院

余明辉

2020 年 6 月

高职高专大数据技术专业系列教材编委会

主　　任：余明辉

副 主 任：(按姓氏拼音排序)

蔡　铁　　陈　劲　　何小苑　　廖永红　　聂　哲

唐建生　　杨小东　　曾文权　　张良均　　赵清艳

委　　员：(按姓氏拼音排序)

陈　维　　陈宝文　　陈海峰　　陈红玲　　陈惠红

陈惠影　　程东升　　范路桥　　冯健文　　冯欣悦

郝海涛　　胡耀民　　花罡辰　　黄锐军　　焦国华

蒋韶生　　赖志飞　　李程文　　李　改　　李俊平

李　爽　　李　岩　　李粤平　　刘满兰　　刘武萍

刘艳飞　　卢启臣　　卢少明　　马元元　　邵　辉

谭论正　　万红运　　王雪松　　肖朝亮　　徐献圣

叶　玫　　臧艳辉　　曾绍稳　　詹增荣　　张鼎兴

张　健　　张　军　　张寺宁　　郑述招　　支艳利

周　恒　　邹小青　　邹燕妮

项目策划：毛红兵

策　　划：高　樱　　明政珠

前　言

在大数据、人工智能技术应用越来越普遍的今天，Python 可以说是当下世界上最热门、应用最广泛的编程语言之一，在人工智能、爬虫、数据分析、游戏、自动化运维等各个方面，无处不见其身影。随着大数据时代的来临，数据的收集与统计占据了重要地位，而数据的收集工作在很大程度上需要通过网络爬虫来爬取，所以网络爬虫技术变得十分重要。

本书提供了 Python 网络爬虫开发从入门到编程高手所必备的各类知识，全书共分四个项目。

项目一为基础知识。本项目主要介绍网络爬虫入门知识，包括初识网络爬虫、搭建网络爬虫的开发环境、Web 前端知识、Python 自带的网络请求模块 urllib、第三方请求模块 urllib3 和 requests 以及高级网络请求模块。本项目结合大量的图片、案例等使读者可以快速掌握网络爬虫开发的必备知识，为以后编写网络爬虫奠定坚实的基础。

项目二为核心技术。本项目主要介绍如何解析网络数据(包括正则表达式解析、Xpath 解析和 Beautiful Soup 解析)，如何爬取动态渲染的信息，以及多线程与多进程爬虫、数据处理与数据存储等相关知识。学习完这一部分内容，读者可熟练掌握通过网络爬虫爬取网络数据并存储数据。

项目三为高级应用。本项目主要介绍数据可视化、App 抓包工具、识别验证码、Scrapy 爬虫框架以及 Scrapy-Redis 分布式爬虫等知识。

项目四为项目实战。本项目通过一个完整的数据侦探爬虫项目，运用软件工程与网络爬虫的设计思想，让读者学习如何对电商数据进行网络爬虫软件的实践开发。

本书特点如下：

(1) **由浅入深，循序渐进**。本书以初中级程序员为对象，采用图文结合、循序渐进的编排方式，介绍了从网络爬虫开发环境的搭建到网络爬虫核心技术的应用等内容，最后通过一个完整的实际项目对网络爬虫的开发进行了详细的讲解，帮助读者快速掌握网络爬虫开发技术，全面提升开发经验。

(2) **实例典型，轻松易学**。通过案例学习是最好的学习方式，本书通过"一个知识点、一个例子、一个结果、一段评析"的模式，透彻详尽地讲述了实际开发网络爬虫所需的各类知识。另外，为了便于读者阅读程序代码，快速学习编程技能，书中几乎每行代码都提供了注释。

(3) **项目实战，经验累积**。本书通过一个完整的电商数据爬取项目，讲解该爬虫项目的完整开发过程，带领读者亲身体验开发项目的全过程，积累开发项目的经验。

(4) **精彩内容，贴心提醒**。本书根据需要在各章内容中使用了很多"注意""说明"等提示词，可让读者在学习过程中更轻松地理解相关知识点及概念，并掌握个别技术的应用技巧。

与本书相关的思政教育目标详见二维码中的内容。

书中如有疏漏与不足，欢迎读者批评指正。

思政教育目标

编 者

2022 年 12 月

目　录

项目一　网页数据获取

　　对于程序员来说，构建一个网页数据爬取程序是一种非常容易并且有趣的体验。网页数据爬取是指从网站上提取特定内容，而不需要请求网站的 API 接口获取内容。"网页数据"包括网页上的文字、图像、声音、视频和动画等。本项目分三个任务讲解如何爬取网页数据。

教学大纲

技能培养目标

- ◎ 熟练掌握第三方库的安装方法
- ◎ 熟练掌握 requests 库的使用
- ◎ 熟练掌握 re 库的使用
- ◎ 熟练掌握 JSON 数据爬取方式
- ◎ 熟练使用 Python 的多进程数据爬取方式
- ◎ 熟练掌握爬虫结果乱码处理方式

学习重点

- ◎ 第三方库的安装
- ◎ 第三方库的使用
- ◎ JSON 数据爬取
- ◎ 中文乱码问题的处理

学习难点

- ◎ JSON 数据爬取

任务 1.1　读书网信息爬取

 任务目标

- 掌握使用正则表达式爬取数据的方法
- 掌握处理爬取数据乱码的方法
- 掌握爬取链接不完整情况的处理方法

 任务描述

　　读书网是我国优秀的读书平台之一，同时也是包含书籍查询、作者介绍、刊物定价、出版社、ISBN 查询的公益读书网站。在网站首页有一个"在线读书"栏目，本任务的目的是爬取"在线读书"栏目中图书的详情页链接、书名和作者信息。"在线读书"栏目如图 1-1 所示。

图 1-1　"在线读书"栏目

 任务实施

1.1.1　网页结构分析

　　进入读书网首页，按 F12 键查看网页源代码，如图 1-2 所示。从源代码可以看出，整个"在线读书"是用一个 div 标签包括起来的，每一本书用一个 li 标签表示。本任务需要爬取的书籍链接由 a 标签的 href 属性标示，书名由 a 标签包括起来，作者信息由标有 class = "bookauthor"的 div 标签包括起来。

图 1-2　网页源代码

通过分析源代码会发现一个问题，网页源代码中的书籍链接信息只有一部分，而不是完整链接，因此需要进行 URL 补全，补全方法在本任务的 1.1.4 节讲述。

1.1.2　第三方库安装

本任务采用 PyChram 进行数据爬取。下面介绍如何在 PyChram 中安装第三方库。

Python 库的镜像源分为国内镜像和国外镜像，由于国外镜像在国内下载速度很慢，所以日常开发一般选择使用国内镜像，但是 PyChram 默认使用国外镜像源，为了方便第三方库的安装，首先需要改变镜像源方式。国内常用 Python 镜像源如下：

(1) 豆瓣：https://pypi.douban.com/simple。

(2) 阿里云：https://mirrors.aliyun.com/pypi/simple。

(3) 清华大学：https://pypi.tuna.tsinghua.edu.cn/simple。

(4) 中国科技大学：https://pypi.mirrors.ustc.edu.cn/simple。

1. Python 国内镜像源设置

(1) 点击"File"→"Settings"→"Project:pythonprojects"→"Python Interpreter"选项，如图 1-3 所示。此时会显示所有的已经安装的库名，点击右上角的"+"号，则会弹出如图 1-4 所示的 Python 库安装界面。

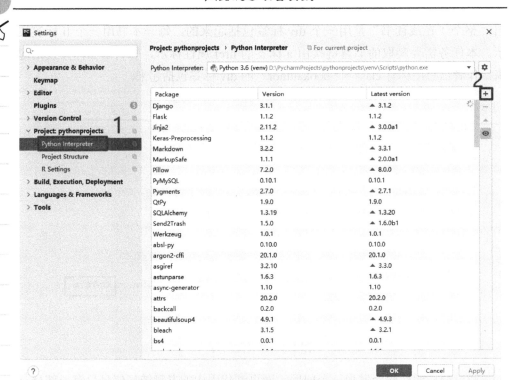

图 1-3　已安装第三方库

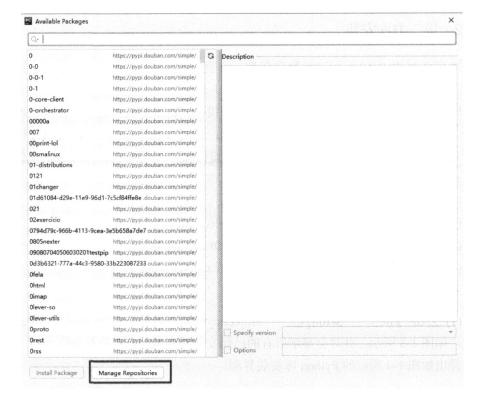

图 1-4　Python 库安装界面

（2）在 Python 库安装界面中点击"Manage Repositories"，则会弹出如图 1-5 所示的 Python 国内镜像源设置界面。

图 1-5　Python 国内镜像源设置界面

（3）在"Manage Repositories"界面中，点击"+"号，则会弹出图 1-6 所示的 "Repository URL"设置界面，在输入框中填入上述四个国内镜像源中任意一个即可，一般选用豆瓣镜像源。

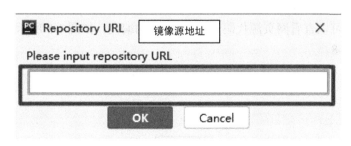

图 1-6　"Repository URL"设置界面

2. Python 第三方库安装

设置好镜像源后，再进入图 1-4 所示 Python 库安装界面，选择需要安装的库，点击"Install Package"按钮进行安装即可。本任务需要安装 requests 库。

1.1.3 解决爬虫中文乱码的问题

1. 网页爬虫中文乱码

在安装好需要的 requests 库后，接下来可开始网络数据的爬取。通过 requests 库的 get 方法可以获取网站相关信息，然后通过 text 方法可以获得网站源代码，具体代码如下：

```
import requests
response = requests.get('https://www.dushu.com/')
print(response.text)
```

运行上述代码，得到如图 1-7 所示结果，会发现直接爬取的网页源代码结果是乱码。

```
        <div class="class-nav">
  <a href="/guoxue/103785/" target="_blank"><span>ç°¢æ¥¼æ¦</span></a>
  <a href="/guoxue/103786/" target="_blank"><span>è¥¸¸è®°</span></a>
  <a href="/guoxue/103886/" target="_blank"><span>ä¸HTJâCSI¼æ¾CCHä¨HTJ</span></a>
  <a href="/guoxue/103784/" target="_blank"><span>æ´æµPU2ä¾NBSP</span></a>
  <a href="/guoxue/101894/" target="_blank"><span>åSS3²è®°</span></a>
  <a href="/guoxue/101916/" target="_blank"><span>èµINDæ²»éSCIéHTJ´</span></a>
  <a href="/guoxue/104752/" target="_blank"><span>â¤§âSHY¦</span></a>

  <a href="/guoxue/104747/" target="_blank"><span>ä¨SHYâ°</span></a>
  <a href="/guoxue/104734/" target="_blank"><span>è®°è¨SHY</span></a>
  <a href="/guoxue/104733/" target="_blank"><span>âSHYAPCâSHYDCS</span></a>
  <a href="/guoxue/104343/" target="_blank"><span>è¨EPAç»SS3</span></a>
  <a href="/guoxue/104413/" target="_blank"><span>â°SCIä¹</span></a>
  <a href="/guoxue/104476/" target="_blank"><span>ä¸°ç¤¼</span></a>
  <a href="/guoxue/105094/" target="_blank"><span>âPU1¨æSOSSTS</span></a>

  <a href="/guoxue/104557/" target="_blank"><span>æSOS¥ç§PLDâ·ä¾NBSP</span></a>
  <a href="/guoxue/104655/" target="_blank"><span>â°CCHéCSINEL</span></a>
  <a href="/guoxue/104846/" target="_blank"><span>âSHYOSCç»SS3</span></a>
  <a href="/guoxue/102944/" target="_blank"><span>âCSI¨°SHY</span></a>
```

图 1-7 爬取的网页源代码

2. 查看网页源代码编码

按 F12 键可以查看网页源代码的 head 部分的编码，如图 1-8 所示，发现网页编码类型为 UTF-8。

```
 ┌─┐ ┌─┐   Elements  Console  Sources  Network  Performance  Memory  Application  Security  Lighthouse  AdBlock
<!DOCTYPE html>
<html lang="zh-cn">
▼<head>
    <title>
      读书网 - dushu.com
    </title>
···  <meta http-equiv="Content-Type" content="text/html; charset=UTF-8"> == $0
    <meta name="viewport" content="width=device-width, initial-scale=1.0">
```

图 1-8 网页编码类型

3. 利用 requests 库的方法查看默认输出的编码类型

利用 requests 库的 encoding 方法查看默认输出的编码类型，代码如下：

```
import requests
response = requests.get('https://www.dushu.com/')
print(response.encoding)
```

运行上述代码，输出结果为编码 ISO-8859-1，并不是原网页的编码类型。

4. 利用 requests 库改变输出结果的编码

利用 requests 库的 encoding 方法改变输出结果的编码，代码如下：

```
import requests
response = requests.get('https://www.dushu.com/')
response.encoding = ' utf-8'
print(response.encoding)
```

输出结果为编码 UTF-8，与原网页保持一致。通过以上 3 个步骤(步骤 2～4)，即可解决爬虫中文乱码的问题。

1.1.4 网页数据爬取

1. 获取网页源代码

通过 1.1.3 节的学习，已经可以处理读书网爬虫中文乱码的问题。为了提高程序编写的规范性和方便阅读，编写代码时将网页源代码的获取、编码方式设置等封装为一个方法，方法名为 get_hmtl，代码如下：

```
import requests
import re
def get_html(url):
    try:
        response = requests.get(url)
        response.encoding = 'utf-8'    # 改变编码
        print(response.encoding)
        html = response.text
        return html
    except:
        print('请求网址出错')
content=get_html('https://www.dushu.com/')
```

2. 使用正则表达式匹配数据

1) 写出正则字符串

通过 1.1.1 节的源代码分析可以看出每一本书用一个 li 标签表示，本任务需要爬取的书籍链接由 a 标签的 href 属性标示，书名由 a 标签包括起来，作者信息由标有 class="bookauthor" 的 div 标签包括起来。为了进行一定的限定，以便做到精确匹配，可以在正则表达式中加上 "class="bookname"" "target="_blank"" 和 "class=

"bookauthor""" 等关键信息的限定。因此根据源代码，写出正则表达式如下：

```
<li>.*?class="bookname">.*?href="(.*?)".*?target="_blank">(.*?)</a>.*?class="bookauth
or">(.*?)</div>.*?</li>
```

2) 转化为正则表达式对象

将正则字符转换为正则表达式需要用到 re 库中的 compile 方法。

re.compile：将正则字符串编译成正则表达式对象，以便于复用该匹配模式。re.compile 一般需要传入两个参数：第一个参数——正则字符；第二个参数——匹配模式。

匹配模式：正则表达式可以使用一些可选标志修饰符来控制匹配模式。常见的修饰符有 6 种，具体含义如表 1-1 所示。

表 1-1　正则表达式修饰符含义

修饰符	描　　述
re.I	使匹配对大小写不敏感
re.L	做本地化识别(locale-aware)匹配
re.M	多行匹配，影响^和$
re.S	使*匹配包括换行在内的所有字符
re.U	根据 Unicode 字符集解析字符。这个标志影响\w、\W、\b 和\B
re.X	通过更灵活的格式将正则表达式写得更易于理解

因此将正则字符转化为正则表达式对象的代码如下：

```
pattern=re.compile('<li>.*?class="bookname">.*?href="(.*?)".*?target="_blank">(.*?)
</a>.*?class="bookauthor">(.*?)</div>.*?</li>',re.S)
```

3) 查找匹配的内容

查找匹配内容的方法采用 re 库中的 findall 方法。

refindall：搜索字符串，以列表形式返回全部能匹配的子串。一般需要传入两个参数：第一个参数——正则表达式；第二个参数——匹配的内容。

返回结果：若匹配成功则返回一个列表；如果没有找到匹配内容，则返回空列表。

查找匹配内容的具体代码如下：

```
results=re.findall(pattern,content)
for result in results:
    url,name,author=result
    print(url,name,author)
```

4) URL 补全

运行以上代码，可以得到如图 1-9 所示的结果，但爬取的 URL 是不完整的，导致无法直接访问该书所在网页。

图 1-9　URL 未补全运行结果

　　通过查看源代码，发现源代码中 a 标签属性 href 中确实只有部分 URL，但是将鼠标移至 href 链接时会弹出完整链接，如图 1-10 所示。对比爬取结果，发现爬取结果缺少"https://www.dushu.com"段网站，因此在打印时应该补全。

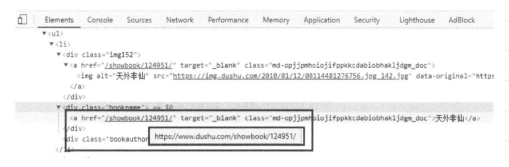

图 1-10　源代码中完整版网址

综上所述，完整版读书网信息爬取代码如下：

```
#读书网爬虫任务
import requests
import re
def get_html(url):
    try:
        response = requests.get(url)
        response.encoding = 'utf-8'   # 改变编码
        print(response.encoding)
        html = response.text
        return html
    except:
```

```
            print('请求网址出错')
    content=get_html('https://www.dushu.com/')
    pattern=re.compile('<li>.*?class="bookname">.*?href="(.*?)".*?target="_blank">(.*?)
</a>.*?class="bookauthor">(.*?)</div>.*?.*?</li>',re.S)
    results=re.findall(pattern,content)
    for result in results:
        url,name,author=result
        print("https://www.dushu.com"+url,name,author)
```

以上程序运行结果如图 1-11 所示。

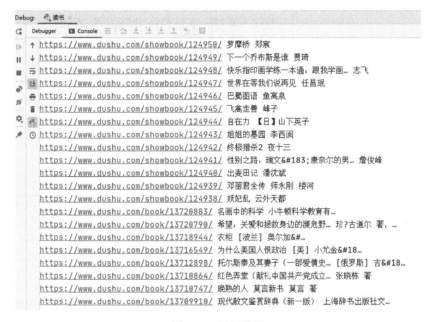

图 1-11　运行结果

 实践训练

图 1-12 为"起点中文网"的首页，请爬取图书的书名、简介和作者等信息。

图 1-12　起点中文网

任务 1.2　今日头条数据爬取

任务目标

- 掌握关键字搜索方法
- 掌握重定向网页过滤方法
- 掌握下载图片并保存至本地的方法
- 掌握使用 Python 保存数据到 MongoDB 的方法

任务描述

AJAX(Asynchronous Javascript And XML，异步 JavaScript 和 XML)是指一种创建交互式网页应用的网页开发技术。AJAX 是一种用于创建快速动态网页的技术，通过在后台与服务器进行少量数据交换，AJAX 可以使网页实现异步更新。采用 AJAX 技术的网站可以在不重新加载整个网页的情况下，对网页的某部分进行更新。而不使用 AJAX 技术的网页如果需要更新内容，必须重载整个网页页面。

我们浏览网页的时候，经常会发现很多网页都有滚动条下滑选项。如图 1-13 所示的今日头条网页，刚刚进入后只会展现有限的新闻，但是随着网页的不断下滑，可以浏览更多的新闻。

图 1-13　今日头条网页

注意，点击"加载更多"时页面其实并没有被刷新，也就意味着页面的链接没有变化，但是网页中却多了新内容，也就是后面加载出来的新闻，这就是通过 AJAX 获取新数据并呈现的过程。

所以如果遇到这样的页面，直接利用 requests 等库来爬取原始页面是无法获取有效数据的，这时需要分析网页后台向接口发送的 AJAX 请求，如果可以用 requests 来模拟 AJAX 请求，那么就可以成功爬取了。

 任务实施

1.2.1　网页数据爬取

今日头条网页是采用 AJAX 持续不断地请求内容，因此在爬取网页数据的时候，需要发送 AJAX 请求，而不是普通请求。

进入今日头条官网，在搜索框中输入"街拍"，可以进入搜索结果页面。此时按 F12 键调出开发人员工具，然后刷新页面。在开发人员工具中，点击"Network"选项，勾选"Preserve log"和"Hide data URLs"选项，并点击"All"选项，会发现此时的 Preview 中的内容被隐藏了，如图 1-14 所示，预览内容被隐藏了，也就是返回数据被隐藏起来了。

图 1-14　预览内容被隐藏

有很多网站进行了反爬虫处理，或者返回的数据是 JSON 格式，所以无法直接在 Preview 中操作，此时需要先切换到"XHR"选项，这时在"Preview"选项中就可以找到返回的 JSON 数据。如图 1-15 所示，页面中的数据被以 JSON 的格式返回，并且在 JSON 数据中的 key 为"data"。

图 1-15　返回的 JSON 数据

接着，切换到"Headers"选项卡，这时可以看到"Request URL"中写的 URL 是以"https://www.toutiao.com/api/search/content/?"开头的地址，而实际浏览器中的

地址是"https://www.toutiao.com/search/?keyword=街拍"。从上面可以看出今日头条网站对实际请求数据的网站进行了变换，所以我们爬虫的时候需要用"Request URL"中的地址，如图 1-16 所示。

图 1-16　数据请求的 URL

　　由于今日头条网站是采用 AJAX 请求数据的，所以在爬虫时我们需要模拟 AJAX 发送请求。在"Headers"选项卡中往下拉，可以看到一个名为"Query String Parameters"的参数列表，如图 1-17 所示。

图 1-17　"Query String Parameters"的参数列表

其中有两个参数需要特别注意：一个是"offset"，这个参数代表网页每次发送 AJAX 请求时的偏移量；另外一个是"count"，这个参数代表每次请求返回多少条数据。如图 1-18 所示，每次请求的 offset 值是递增的，开始时 offset 的值为 0，count 的值为 20，所以第二次请求的时候 offset 的值就为 20 了，以此类推。仔细观察图 1-18 后，可以看出图 1-17 中的参数都会被转化为查询参数并放在 URL 后面。还有一个需要注意的参数为"keyword"，这个参数就是我们网页搜索的关键词"街拍"，这个关键词可以用参数传递进来，以保证代码可以适合不同查询的爬取。

图 1-18　每次请求的 offset 值

在 Python 代码实现过程中，可以定义一个字典表示图 1-16 中 Request URL 参数后面地址中"?"后面的参数，具体代码如下：

```
params = {
        'aid':24,
        'app_name':'web_search',
        'offset': offset,
        'format': 'json',
        'keyword': keyword,
        'autoload': 'true',
        'count': '20',
        'en_qc':1,
        'cur_tab': '1',
        'from':'search_tab',
        'pd':'synthesis',
        'timestamp':1578048043413
        }
```

但是现在有一个问题，字典类型的参数如何转换为 URL 的查询参数？这里需要用到 urllib 库里的 urlencode 函数，urlencode 函数可以把 key-value 这样的键值对转换成我们想要的格式，返回的是 a=1&b=2 这样的字符串。如下列代码的运行结果为"http:www.baidu.com/?a=1&b=2"。

```
from urllib.parse import urlencode
data = {"a":1,"b":2}
url = "http:www.baidu.com/?"
print(url + urlencode(data))
```

通过以上分析，我们已经知道如何爬取今日头条的网站数据了，采用字典模拟 AJAX 请求参数，并用 urlencode 函数将模拟 AJAX 请求参数的字典类型数据转换为 URL 查询参数，请求的 URL 为请求头"Request URL"中的地址。为了后续程序的开发，我们将获取网页的代码封装成 get_page_index 方法，具体代码如下：

```
def get_page_index(offset,keyword):
        params = {
                'aid':24,
                'app_name':'web_search',
                'offset': offset,
                'format': 'json',
                'keyword': keyword,
                'autoload': 'true',
                'count': '20',
                'en_qc':1,
```

```
                'cur_tab': '1',
                'from':'search_tab',
                'pd':'synthesis',
                'timestamp':1578048043413
            }
            # urlencode 把字典类型转换为 url 请求参数
            url = 'https://www.toutiao.com/api/search/content/?' + urlencode(params)    # 知识点 1:
      使用 urlencode()将字典数据{"a":"1","b":"2"}转化为 URL,查询参数: a=1,b=2
            response = requests.get(url)
            if response.status_code == 200:
                return response.text

      if __name__ == '__main__':

            keyword = "街拍"
            html = get_page_index(0, keyword)
            print(html)
```

运行上述代码,会发现结果并不是我们想要的,返回结果如下:

{"count":0,"return_count":0,"query_id":"6537385837821170952","has_more":0,"request_id":"20190919170154010017090029827CF0A","search_id":"20190919170154010017090029827CF0A","cur_ts":1568883714,"offset":20,"message":"success","pd":"synthesis","show_tabs":1,"keyword":"街拍","city":"西安","log_pb":{"impr_id":"20190919170154010017090029827CF0A"},"data":null,"data_head":[{"challenge_code":1366,"cell_type":71,"keyword":"街拍","url":"sslocal://search?keyword=%E8%A1%97%E6%8B%8D\u0026from=\u0026source=search_tab"}],"ab_fields":null,"latency":0,"search_type":2,"tab_rank":null}

上述代码返回的 JSON 数据为空的原因是 requests 的请求对象没有加请求头和 cookies,因此加上请求头和 cookies 并进行相应的异常处理后,可以得到正常结果,具体代码如下:

```
      headers = {"User-Agent": "Mozilla/5.0 (Windows NT 6.1; Win64; x64) AppleWebKit/537.
      36 (KHTML, like Gecko) Chrome/76.0.3809.100 Safari/537.36"}
      cookies = {"Cookie": "tt_webid=6719272225969096196; WEATHER_CITY=%E5%8C%
      97%E4%BA%AC; tt_webid=6719272225969096196; csrftoken=b28e41c77cd4f268af393
      de7d3e9d47a; UM_distinctid=16c4159a9ae7e3-04be696c185f6c-3f385c06-1fa400-16c415
      9a9afa94; CNZZDATA1259612802=1303724616-1564459685-https%253A%252F%252F
      www.toutiao.com%252F%7C1564459685; WIN_WH=1536_710; s_v_web_id=e588fb5c6
      570d79a16b67e84decce3d8; __tasessionId=y99fyeyyt1568882979794"}
```

```
def get_page_index(offset,keyword):
    params = {
        'aid':24,
        'app_name':'web_search',
        'offset': offset,
        'format': 'json',
        'keyword': keyword,
        'autoload': 'true',
        'count': '20',
        'en_qc':1,
        'cur_tab': '1',
        'from':'search_tab',
        'pd':'synthesis',
        'timestamp':1578048043413
    }
    #urlencode 把字典类型转换为url 请求参数
    url = 'https://www.toutiao.com/api/search/content/?' + urlencode(params) # 知识点2:
使用 urlencode()将字典数据{"a":"1","b":"2"}转化为 URL, 查询参数: a=1,b=2
    try:
        response = requests.get(url,headers=headers,cookies=cookies)
        if response.status_code == 200:
            return response.content.decode('utf-8')
    except requests.RequestException:    # 知识点2: 所有请求异常类的捕获
        print("请求索引页出错")
        return None
```

运行结果如图 1-19 所示。

图 1-19　请求运行结果

1.2.2　获取搜索结果详情

在今日头条网站上,搜索"街拍",返回的是一条一条的搜索结果,如果想要查看每一条结果的详情,需要点击每一条结果,在爬虫里面需要重新发送一条请求,这时我们需要知道该结果的 URL 地址。如图 1-20 所示，每一条结果在返回的 JSON 数据中是以字典的形式表示的，字典里面有结果详情页的 URL，key 为"article_url"。

图 1-20　每一条结果的详细 JSON 数据

　　要获得搜索结果详情，第一步需要获得结果详情页的 URL。定义方法 get_page_url 用于获取详情页访问链接，具体代码如下：

```
def get_page_url(html):
    data = json.loads(html)                    # 将 JSON 字符串转换为 JSON 变量
    if data and "data" in data.keys():
        for item in data.get("data"):          # 知识点 3：使用 get 方法获取字典键的值
            if "article_url" in item.keys():
                url = item.get("article_url")
                yield url
```

其中方法的入参"html"为 1.2.1 节爬取的网页数据，由于该数据为 JSON 字符串，所以需要调用"json.loads"方法将其转换为 JSON 变量。如图 1-20 所示，所有返回结果的数据键为"data"，所以需要使用 get 方法获取字典里面键为"data"的数据，然后循环获取数据中键为"article_url"的值，即为我们需要的 URL。由于我们获取的 URL 不止一个，所以需要将获得的 URL 构造成生成器返回，或者将这个函数的返回值作为一个列表返回，本任务使用 yield 构造一个生成器返回获取的 URL。

　　获取到搜索结果的 URL 后，就可以利用 URL 获得搜索结果详情页中的数据了。具体代码可以参考 1.2.1 节的代码，只是此时获取的 URL 链接可以直接访问，不再是 AJAX 请求了，具体代码如下：

```
def get_page_detial(url):
    try:  # 知识点 4：请求的异常处理方式
        response = requests.get(url, headers=headers, cookies=cookies)
        if response.status_code == 200:
            content = response.content.decode()
            return content
        return None
    except RequestException:
        print("请求出错")
        return None
```

1.2.3　解析详情页数据

在 1.2.2 小节我们已经获取了详情页的数据，接下来介绍如何获取详情页中的"title"、图片和视频数据。

Beautiful Soup 是一个可以从 HTML 或 XML 文件中提取数据的 Python 库。它能够通过转换器实现惯用的文档导航、查找、修改文档的方式。Beautiful Soup 会帮你节省数小时甚至数天的工作时间。Beautiful Soup 支持 Python 标准库中的 HTML 解析器，还支持一些第三方的解析器，其中一个是 lxml。采用 Beautiful Soup 的 lxml HTML 解析器对得到的网页数据进行解析，可方便提取 HTML 标签中的内容。新建一个方法，命名为"parse_page_detial"，具体代码如下：

```
def parse_page_detial(content, url):
    """正则获取 gallery"""
    soup = BeautifulSoup(content, "lxml")
```

1. 获取"title"信息

按 F12 键，选择"Network"选项，点击"Doc"选项，然后选择"Response"，在 Response 中可以看到网页的源代码。这里的源代码都显示成一行，不方便查看，可以将源代码复制到其他软件进行格式化后再查看。从如图 1-21 所示的详情页源代码可以看到任务要获取的"title"信息在源代码中用<title>标签包括住了。

图 1-21　详情页源码

这里采用 Beautiful Soup 的 find 方法获取标签中的信息，在"parse_page_detial"

方法中添加如下代码:

```
if(soup.find("title")!=None):
    title = soup.find("title").string   # 知识点 5: soup 选择器的使用
```

2. 获取并下载图片

使用相同的方式查看源代码,如图 1-22 所示,和 title 不同的是,图片的链接都在 <img> 标签的 src 属性中。这里采用正则表达式获取图片链接,在"parse_page_detial"方法中添加如下代码:

```
images_pattern = re.compile('<img.*?src="(.*?)".*?>', re.S)   # 知识点 6: 正则模式 re.S 模式
images=re.findall(images_pattern, content)
```

图 1-22 图片链接

此处涉及一个知识点,就是正则表达式的匹配模式采用 re.S 模式。正则表达式会将这个字符串作为一个整体,将"\n"当作一个普通的字符加入这个字符串中,在整体中进行匹配。

值得注意的是,这里只能获得图片的链接,如果需要下载图片,则需要通过 request 进行请求。由于网页详情页中可能不止一张图片,所以需要通过 for 循环得到所有图片链接并进行下载。在"parse_page_detial"方法中添加如下代码:

```
for image in images:
    download_image(image)
```

其中"download_image"方法用于下载图片,具体代码如下:

```
def download_image(url):
    print('正在下载图片',url)
    try:
        response = requests.get(url, headers=my_header)
        if response.status_code == 200:
            # 图片要以二进制的形式保存
            save_image(response.content)
        return None
    except RequestException:
        print('请求图片出错', url)
        return None
```

使用上面的代码时需要注意一点，因为反爬虫的原因，所以每次请求都要带请求头"headers"。如果请求的状态码为 200，即请求成功，则将爬取的图片进行保存。这里新建一个方法保存图片，命名为"save_image"，具体代码如下：

```python
# 保存下载的图片
def save_image(content):
    file_path = '{0}/{1}.{2}'.format("D://image", md5(content).hexdigest(), 'jpg')
    if not os.path.exists(file_path):
        with open(file_path, 'wb') as f:
            f.write(content)
            f.close()
```

　　其中，"'{0}/{1}.{2}'"为占位符。在大量文件中，有时会存在名称不同但是内容却相同的文件，因为此时单凭文件名是没有办法将它们区分开的，所以可以尝试对文件内容进行 md5 加密。每个文件只要其内容完全相同，生成的 md5 值就是一样的，但是要保证文件的编码格式一致。得到 md5 值之后，以唯一的 md5 值进行文件命名并重新保存，此时则可以保证内容相同的文件有完全相同的文件名。"save_image"方法就是利用 md5 对文件进行去重。构建完保存文件的路径后，需要使用 os 模块的方法判断路径是否存在，如果路径存在，则输出并保存文件即可。

3. 爬取并下载视频

　　在今日头条中搜索"街拍"或者其他关键词，不仅会出现包含图片的文章，同时也会出现包含视频的文章，如果遇到包含视频的文章，则需要下载视频。如图 1-23 所示，网页中的视频链接在<link>标签里面的 href 属性中，这里采用正则表达式爬取视频链接。

图 1-23　视频连接

　　在"parse_page_detial"方法中添加如下代码：

```python
movie_pattern=re.compile('<link.*?hrefLang="zh-CN".*?href="(.*?)".*?>', re.S)
movies = re.findall(movie_pattern,content)
for movie in movies:
    download_movie(movie,title)
```

　　其中"download_movie"方法用于下载图片，具体代码如下：

```python
def download_movie(url,title):
    print('正在下载视频',url)
    # 下载到本地
```

```
    dl = DownloadMovie()
    dl.download(url, title)
```

下载视频和下载图片的区别是视频文件比较大，下载时间比图片长，所以将数据下载下来的时候需要显示下载进度。由于代码量比较大，所以新建"Download Movie"类，并在该类中定义 download 方法用于下载视频，具体代码如下：

```python
import os
import sys
import time
from urllib import request


class DownloadMovie(object):
    def __init__(self):
        self.start_time = time.time()
    '''
    urllib.urlretrieve 的回调函数：
    def callbackfunc(blocknum, blocksize, totalsize):
        @blocknum: 已经下载的数据块
        @blocksize: 数据块的大小
        @totalsize: 远程文件的大小
    '''
    def __Schedule(self, blocknum, blocksize, totalsize):
        speed = (blocknum * blocksize) / (time.time() - self.start_time)
        # speed_str = " Speed: %.2f" % speed
        speed_str = " Speed: %s" % self.__format_size(speed)
        recv_size = blocknum * blocksize

        # 设置下载进度条
        f = sys.stdout
        pervent = recv_size / totalsize
        percent_str = "%.2f%%" % (pervent * 100)
        n = round(pervent * 50)
        s = ('■' * n).ljust(50, '-')
        f.write(percent_str.ljust(8, ' ') + '■' + s + '■' + speed_str)
        f.flush()
        f.write('\r')
    # 字节 bytes 转化为 K\M\G
    def __format_size(self, bytes):
        try:
```

```
                    bytes = float(bytes)
                    kb = bytes / 1024
            except:
                    print("传入的字节格式不对")
                    return "Error"
            if kb >= 1024:
                M = kb / 1024
                if M >= 1024:
                    G = M / 1024
                    return "%.3fG" % (G)
                else:
                    return "%.3fM" % (M)
            else:
                return "%.3fK" % (kb)
        def download(self, url, title):
            curFolder = 'D:\\image\\downloads\\'
            fileName = title + '.mp4'
            if not os.path.exists(curFolder):
                try:
                    os.makedirs(curFolder)
                except Exception as ex:
                    print(ex)
            else:
                try:
                    # 下载文件
                    print("正在下载视频: %s" % fileName)
                    print(url)
                    request.urlretrieve(url, curFolder + "\\" + fileName, self.__Schedule)
                except Exception as ex:
                    print(ex)
```

上面代码使用了 urllib 模块提供的 urlretrieve()函数。urlretrieve()方法直接将远程数据下载到本地，函数模型如下：

```
urlretrieve(url, filename-None, reporthook=None, data=None)
```

上面的参数说明：

(1) filename：指定了存储的本地路径。

(2) reporthook：回调函数。当连接上服务器以及相应的数据块传输完毕时会触发该回调函数，我们可以利用这个回调函数来显示当前进度。

(3) data：post 到服务器的数据，该方法返回一个包含两个元素的(filename、

headers)元组。filename 表示保存本地的路径，header 表示服务器响应头。

回调函数的函数模型如下：

```
def callbackfunc(blocknum, blocksize, totalsize):
```

上面的参数说明：

(1) blocknum：已经下载的数据块。

(2) blocksize：数据块的大小。

(3) totalsize：远程文件的大小。

1.2.4 保存数据

1. 数据保存

本任务从网页爬取下来的数据除了图片和视频外，还有"title"、图片链接、视频链接和网站的网址，需要将这些信息保存到 MongoDB 中。本任务将需要存储的数据以字典形式返回，在"parse_page_detial"方法中添加如下代码：

```
return {
        "title": title,
        "images": images,
        "movie":movies,
        "url": url
    }
```

将数据保存到 MongoDB 中，需要获取 MongoDB 的连接客户端，具体代码如下：

```
import pymongo
# 使用 MongoClient 函数连接 mongo 数据库，将参数 connect 设置为 False 是因为多
进程下频繁的连接会报错
client = pymongo.MongoClient(MONGO_URL,connect=False)
db = client[MONGO_DB]
```

创建"save_to_mongo"方法用于数据保存，并在主程序方法中调用即可，具体代码如下：

```
# 保存到数据库
def save_to_mongo(result):
    if db[MONGO_TABLE].insert(result):
        print('存储成功', result)
        return True
    return False
```

以上程序中用到的相关参数信息如下：

```
MONGO_URL = 'localhost'
MONGO_DB = 'toutiao'
MONGO_TABLE = 'toutiao'
```

2. 程序运行

以上所有方法编写完成后，还需要编写一个主程序方法用于运行程序，具体代码如下：

```python
from multiprocessing import Pool
def main(offset):
    keyword = "街拍"
    html = get_page_index(offset, keyword)
    if html:
        for url in get_page_url(html):
            content = get_page_detial(url)
            if content:
                result = parse_page_detial(content, url)
                if result:
                    save_to_mongo(result)
if __name__ == '__main__':
    groups = [x * 20 for x in range(START_PAGE, END_PAGE + 1)]
    pool = Pool()
    pool.map(main, groups)
```

在进行多数量的数据爬取时，我们常常需要使用多进程来实现数据爬取。这里的进程池 pool 对象定义一定要放在 main 函数下，如果不放在这里会出现报错。

 实践训练

新浪微博的首页界面如图 1-24 所示，微博刷新内容也是通过 AJAX 请求不断爬取的，所以当用户不断刷新微博界面时会看到不同的微博。请采用 AJAX 爬虫方式爬取微博相关数据。

图 1-24　新浪微博首页

任务 1.3　京东动态渲染页面的信息爬取

 任务目标

- 搜索关键字
- 分析页面并翻页
- 分析提取商品内容
- 保存信息至 MongoDB

 任务描述

　　动态网页是依赖 JavaScript 脚本完成动态加载数据的网页。动态网页中涉及的主要技术包括 JavaScript、AJAX、jQuery 等。

　　JavaScript 是客户端脚本语言。AJAX 是提供了异步更新的一门技术，通过客户端和服务器端交换数据，实现页面的局部更新。jQuery 是 JavaScript 的框架，封装了 JavaScript 常用的功能，使 JavaScript 和 AJAX 使用起来更方便。

　　AJAX 动态渲染出来的页面通过对请求链接的分析，使用 urllib 或 requests 库来进行数据爬取，这是一种动态渲染页面的逆向工程。但是 JavaScript 动态渲染页面的方式不止 AJAX，如 Echarts 官网的许多图表是经过 JavaScript 执行特定算法生成的，又如淘宝页面，其 AJAX 请求中含有很多请求参数和加密参数，所以很难直接分析出它的规律。

　　为了解决这些问题，我们可以使用浏览器渲染引擎。主流的渲染引擎包括 WebKit、Trident 和 Gecko。当然也可以自定义浏览器渲染引擎，模拟浏览器运行的方式，可以完成在浏览器中看到是什么信息就抓取对应的源代码，不需要考虑 JavaScript 使用什么算法进行渲染，以及 AJAX 接口有哪些参数。

　　Selenium 是一个自动化工具，可以构造自定义浏览器渲染引擎类，驱动浏览器完成各种操作，比如模拟点击、输入、下拉等各种功能。这样我们只需关心操作，不需要知道后台发生了怎样的请求。Chrome 是常用的浏览器，PyCharm 爬取的时候不方便浏览，使用它可以更方便地帮我们完成爬取。

　　本次我们爬取的是京东"Python 爬虫"书籍页面所有关键的内容。我们需要模拟在搜索框中输入关键词，然后点击"搜索"按钮，爬取首页的内容。模拟点击"翻页"，或者输入"翻页"，爬取后续的页面。获取网页的源代码后，再分析爬取目标数据的信息，并存储到 MongoDB 数据库中。

1.3.1　网页结构分析

　　打开京东网站，在搜索框中输入关键词"Python 爬虫"，点击"搜索"键，进入该项目要爬取的网页，如图 1-25 所示。其中爬取的数据信息包括书籍名称、价格、评价数、出版社。

图 1-25　京东书籍信息页面

　　查看页面代码信息，右键单击网页，点击"检查"选项，进入网页源代码调试界面。点击"NetWork"按钮，勾选"Preserve log"选项，选择"All"，刷新页面，可以查看到页面的所有请求信息，如图 1-26 所示。

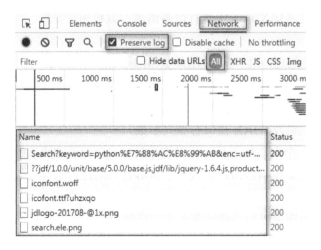

图 1-26　页面请求信息

　　当查看请求详细内容时，发现请求非常复杂，并且包含很多未知的参数，图 1-27 所示为点击第一个请求时出现的一些请求参数，所以对于京东页面如果直接分析 AJAX 请求的参数，很难直接分析出它的规律，爬取将会很困难。

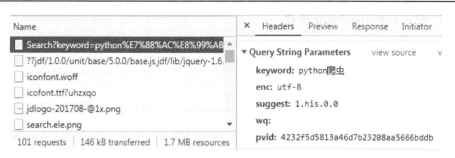

图 1-27　请求详情内容

1.3.2　第三方库安装

本项目利用到的库包括 PyMongo、Selenium、PyQuery，将会使用到 MongoDB 工具以及 ChromeDriver 驱动程序。

1. 安装 Selenium、PyMongo、PyQuery 模块

点击 "File"，选择 "Settings"，如图 1-28 所示，点击 "Project Interpreter"，进入库安装方式界面，如图 1-29 所示。

图 1-28　Project Interpreter 操作图

图 1-29　库安装方式界面

也可以直接使用 pip 安装 Selenium。同理安装 PyMongo、PyQuery。

2. 安装 ChromeDriver 驱动

(1) 在浏览器中输入"chrome://version/"，查看自己的 Chrome 版本。例如笔者的电脑版本是 88.0.4324，如图 1-30 所示。

Google Chrome: 88.0.4324.190 (正式版本) (64 位) (cohort: Stable)
　　修订版本: 3a97857a62ee2a8b3f6561ccd98b9e0436604cbe-refs/branch-heads/4324_182@{#3}
　　操作系统: Windows 7 Service Pack 1 (Build 7601)
　JavaScript: V8 8.8.278.17
　　用户代理: Mozilla/5.0 (Windows NT 6.1; Win64; x64) AppleWebKit/537.36 (KHTML, like Gecko) Chrome/88.0.4324.190 Safari/537.36
　　　命令行: "C:\Program Files (x86)\Google\Chrome\Application\chrome.exe" --flag-switches-begin --flag-switches-end --origin-trial-disabled-features=SecurePaymentConfirmation hao.dh976.com/?00412-0204

○ chrome
Google LLC
版权所有 2021 Google LLC. 保留所有权利.

图 1-30　Chrome 版本信息

(2) 在浏览器中下载 ChromeDriver 驱动程序，存放路径如图 1-31 所示。注意，ChromeDriver 的版本一定要与 Chrome 的版本一致，否则会报错。

(3) 解压压缩包，找到"chromedriver.exe"，并将其复制到 Chrome 的安装目录(其实也可以随便放在一个文件夹中)。复制"chromedriver.exe"文件的路径并加入到电脑的环境变量中去。

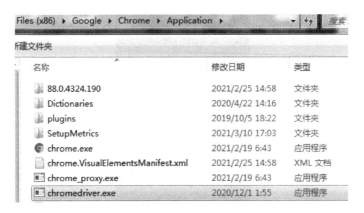

图 1-31　ChromeDriver.exe 存放路径

(4) 进入环境变量编辑界面,添加到用户变量即可,如图 1-32 所示,双击"PATH",将文件位置(C:\Program Files (x86)\Google\Chrome\Application\)添加到后面。

图 1-32　环境配置

完成上述操作后在 cmd 下输入"chromedriver"，验证是否安装成功，安装验证成功界面如图 1-33 所示。

图 1-33　ChromeDriver 安装验证成功界面

最后将"chromedriver.exe"复制到 Python 的 Scripts 目录下。利用 ChromeDriver 测试其是否安装成功。输入下面代码：

```
from selenium import webdriver
# 设置自己的 ChromeDriver 的存放路径
driver_path="C:\Program Files (x86)\Google\Chrome\Application\chromedriver. exe"
b = webdriver.Chrome(executable_path=driver_path)
b.get("http://www.baidu.com")
print(b.page_source)
```

如果可以顺利打开百度网页链接，则配置成功。

3. 安装配置 MongoDB

MongoDB 是基于分布式文件存储的 NoSQL 数据库，该数据库免费，且操作简单。安装配置 MongoDB 步骤如下：

(1) 从官网"https://www.mongodb.com/try/download/community"下载 MongoDB 的"msi"文件，如图 1-34 所示。下载完成后双击文件完成安装，默认安装在"C:\Program Files\MongoDB"中。

图 1-34　MongoDB 下载

(2) 创建两个目录"C:\MongDBData\log"和"C:\MongDBData\db"，分别存放日志文件(即数据库的操作记录)和数据库，并且在 log 目录下创建一个"mongodb.log"的日志文件，添加到环境变量即可。切换到 MongoDB 安装目录，即"C:\Program Files\MongoDB\Server\3.6\bin"，在该路径下输入命令"Mongod.exe --dbpath C:\MongoDBData\db"，通过该命令将 MongoDB 的数据库文件创建到新的 db 文件夹。

(3) 启动 MongoDB 服务器。

① 安装 MongoDB 服务器，打开控制台，切换到 MongoDB 安装目录，输入命令：mongod.exe --logpath "C:\MongDBData\log\mongodb.log" --logappend --dbpath "C:\MongDBData\db" --serviceName "MongoDB" –install，如图 1-35 所示。

```
C:\Program Files\MongoDB\Server\3.6\bin>mongod.exe --logpath "C:\MongDBData\log\
mongodb.log" --logappend --dbpath "C:\MongDBData\db" --serviceName "MongoDB" --i
nstall
```

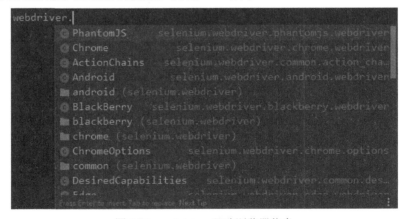

图 1-35　MongoDB 服务安装信息

② 启动 MongoDB 服务器，输入命令：net start MongDB。

③ 启动后，可以看到如图 1-36 所示的信息，则 MongoDB 服务成功启动。

如果要关闭 MongoDB 服务，则输入命令：net stop MongDB。

```
C:\Program Files\MongoDB\Server\3.6\bin>net start MongoDB
MongoDB 服务正在启动 ......
MongoDB 服务已经启动成功。
```

图 1-36　MongoDB 服务成功启动信息

当下次打开电脑，启动 MongoDB 服务时，无需再次输入配置和启动命令，可以直接打开 MongoDB 安装目录下的 bin 目录，双击 mongo.exe 即可。

1.3.3　搜索关键字

搜索关键字即利用 Selenium 驱动浏览器搜索关键字，得到查询后的商品列表。步骤如下：

(1) 创建项目，命名为 JDPCbook，然后创建一个 Python 文件“jd_spider.py”。在文件中引入需要的库“from selenium import webdriver”。然后利用 webdriver 声明一个浏览器驱动 browser。webdriver 有很多浏览器，如 IE、FireFox、Chrome 浏览器等，在此我们采用 Chrome 浏览器，如图 1-37 所示。

图 1-37　webdriver 驱动浏览器信息

(2) 运行如下代码可以打开 Chrome 浏览器，如图 1-38 所示。若失败，则说明 ChromeDriver 驱动出现问题。

```
from selenium import webdriver
browser = webdriver.Chrome()
```

图 1-38　hrome 浏览器页面

（3）利用 ChromeDriver 驱动打开京东首页，可以看到首页的输入框和搜索按钮。将搜索关键词"Python 爬虫"填入输入框，点击搜索按钮，进而完成搜索关键字的行为。

定义一个搜索的方法 search()，其中，首先对京东首页完成请求，然后我们需要等待页面的加载，并判断页面是否加载成功。

打开 Selenium 的说明文档网址(https://selenium-python.readthedocs.io/)，并点击"5.1. Explicit Waits"等待页面加载完成(Waits)，可以查看 Waits 的使用方法，如图 1-39 所示。

5.1. Explicit Waits

An explicit wait is a code you define to wait for a certain condition to occur before proceeding further in the code. The extreme case of this is time.sleep(), which sets the condition to an exact time period to wait. There are some convenience methods provided that help you write code that will wait only as long as required. WebDriverWait in combination with ExpectedCondition is one way this can be accomplished.

```python
from selenium import webdriver
from selenium.webdriver.common.by import By
from selenium.webdriver.support.ui import WebDriverWait
from selenium.webdriver.support import expected_conditions as EC

driver = webdriver.Firefox()
driver.get("http://somedomain/url_that_delays_loading")
try:
    element = WebDriverWait(driver, 10).until(
        EC.presence_of_element_located((By.ID, "myDynamicElement"))
    )
finally:
    driver.quit()
```

In the code above, Selenium will wait for a maximum of 10 seconds for an element matching the given criteria to be found. If no element is found in that time, a TimeoutException is thrown. By default, WebDriverWait calls the ExpectedCondition every 500 milliseconds until it returns success. ExpectedCondition will return *true* (Boolean) in case of success or *not null* if it fails to locate an element.

图 1-39　Waits 使用说明

Waits 是指定一个特定的条件，并设置最长等待时间，如果要加载的目标元素没有在规定的时间内加载出来，就会抛出异常。具体代码如下：

```
driver = webdriver.Firefox()
driver.get("http://somedomain/url_that_delays_loading")
```

```
element = WebDriverWait(driver, 10).until(
        EC.presence_of_element_located((By.ID, "myDynamicElement"))
)
```

其中:"driver"代表 Firefox 浏览器驱动;"10"代表 10 s;"presence_of_element_located"是判断条件,即是否已加载,其参数是加载的目标;"By.ID"是指依靠 ID 来选择;"myDynamicElement"为具体加载元素 ID 的内容。

另外,Waits 还提供了其他的内置加载条件,如图 1-40 所示,对于按钮,最适合的加载条件为"element_to_be_clickable",即是否可以点击按钮。

Expected Conditions

There are some common conditions that are frequently of use when automating web browsers. Listed below are the names of each. Selenium Python binding provides some convenience methods so you don't have to code an expected_condition class yourself or create your own utility package for them.

- title_is
- title_contains
- presence_of_element_located
- visibility_of_element_located
- visibility_of
- presence_of_all_elements_located
- text_to_be_present_in_element
- text_to_be_present_in_element_value
- frame_to_be_available_and_switch_to_it
- invisibility_of_element_located
- element_to_be_clickable
- staleness_of
- element_to_be_selected
- element_located_to_be_selected
- element_selection_state_to_be
- element_located_selection_state_to_be
- alert_is_present

图 1-40　Waits 内置加载条件

在此我们通过选择器(By.CSS_SELECTOR)来指定目标。等待输入框加载完成,并判断是否可以点击搜索按钮。具体代码如下:

```
input = WebDriverWait(browser, 10).until(
        EC.presence_of_element_located((By.CSS_SELECTOR, "#key"))
)
submit = WebDriverWait(browser, 10).until(
EC.element_to_be_clickable((By.CSS_SELECTOR, "#search > div > div.form > button"))
)
```

其中:"#key"为输入框的选择器信息,具体操作如图 1-41 所示。登录京东网首页,单击右键,选择"检查"选项,点击左上角箭头,选中输入框图表,当指定元素信息后,单击右键,选择"Copy"选项,并选择"Copy selector"选项,即取得了输入框的选择器信息"#key"。

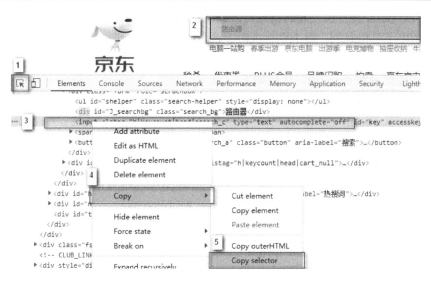

图 1-41　输入框的选择器信息"#key"的获取过程

同理，获取搜索按钮的选择器信息"#search > div > div.form > button"，具体操作如图 1-42 所示。

图 1-42　搜索按钮的选择器信息的获取过程

获得输入框和搜索按钮后，需要模拟输入动作和点击搜索按钮操作。点击 Selenium 文档中 WebDriver API 的 Action Chains，里面含有操作的动作，如 click、click_and_hold、send_keys 等。此时，我们利用 send_keys 向输入框输入内容，点击搜索按钮。代码如下：

```
input.send_keys('python 爬虫')
submit.click()
```

最后对 Selenium 模拟搜索关键词"Python 爬虫"过程进行测试，可以查看到京东首页被打开，加载完成后，在输入框中输入了关键词"Python 爬虫"，点击了搜索按钮，鼠标没有做任何操作，是被驱动点击。

此外，Waits 容易引发超时异常(TimeoutException)，当网速慢、浏览器加载出现问题，超出了等待时间，得不到目标时，就会抛出 TimeoutException。所以在等待目标元素的时候，需要进行异常捕捉。当捕捉到超时异常的时候，使用递归调用方法，再次调用搜索函数 search()。代码如下：

```python
from datetime import time
from selenium import webdriver
from selenium.common.exceptions import TimeoutException
from selenium.webdriver.common.by import By
from selenium.webdriver.support import expected_conditions as EC
from selenium.webdriver.support.wait import WebDriverWait

browser = webdriver.Chrome()
wait = WebDriverWait(browser, 10)

def search():
    try:
        browser.get('https://www.jd.com/')
        input = wait.until(
            EC.presence_of_element_located((By.CSS_SELECTOR, "#key")))
        submit = wait.until(
            EC.element_to_be_clickable((By.CSS_SELECTOR, "#search > div >
div.form > button")))
        input.send_keys('python 爬虫')
        submit.click()
        return None
    except TimeoutException:
        return search()

    def main():
        search()

    if __name__ == '__main__':
        main()
```

1.3.4 分析页面并翻页

模拟搜索关键词后，进入商品列表首页。在此我们通过 Selenium 模拟翻页，得到后续页面的商品列表。

(1) 完成翻页的动作需要获得商品总页数。当搜索"Python 爬虫"关键词，并点击搜索按钮后，紧接着要判断首页中商品总页数是否加载成功。所以在搜索函数search()中增加一个等待判断条件，得到总页数。代码如下：

```
total_page = wait.until(
    EC.presence_of_element_located((By.CSS_SELECTOR, "#J_bottomPage >
span.p-skip > em:nth-child(1) > b"))
)
print(total_page.text)
```

其中，目标定位采用 selector 选择器，"#J_bottomPage > span.p-skip > em:nth-child(1) > b" 为总页数 100 的选择器内容，网页页码显示如图 1-43 所示。通过目标定位到总页码，等待并判断定位内容是否加载成功，即可获得总页数(total_page)。

图 1-43　网页页码显示信息

(2) 通过循环遍历方法，依次访问第 2 页、第 3 页，直到 total_page 页。在此定义一个 next_page()方法完成翻页。

实现翻页通常有两种方法：第一种是在输入框中输入搜索的页数，并点击"确定"按钮；第二种方法是点击"下一页"。当点击"下一页"时，需要通过当前页面数字是否变为高亮颜色进而判断是否已经完成加载，该方法需要将数字当作参数进行传递，当参数出现错位等错误时，会翻页失败。本节我们采用第一种方法，将搜索页码输入到输入框，并点击"确定"按钮，当出现错误时可以重新输入页码，如图1-44 所示。

图 1-44　页码输入方式

具体步骤如下：

第一步，获取页码输入框和确定按钮，然后填写搜索页码，并点击"确定"按钮。其过程和 1.3.3 节中搜索关键词类似。代码如下：

```
input = wait.until(
    EC.presence_of_element_located((By.CSS_SELECTOR, "#J_bottomPage >
span.p-skip > input"))
)
submit = wait.until(
    EC.element_to_be_clickable(
        (By.CSS_SELECTOR, "#J_bottomPage > span.p-skip > a"))
)
```

其中，目标定位采用 selector 选择器，"#J_bottomPage > span.p-skip > input" 为页码

输入框的选择器内容，"#J_bottomPage > span.p-skip > a"为"确定"按钮的选择器内容。通过目标定位到总页码，等待并判断定位内容是否加载出来，即可获得总页数(total_page)。

第二步，清空输入框内容，将搜索页码传递给输入框，并点击"确定"按钮。代码如下：

```
input.clear()
input.send_keys(page_number)
submit.click()
```

第三步，当完成页码传递并点击"确定"按钮后，需要判断是否翻页成功。如图 1-45 所示，判断输入框中当前的页码是不是与高亮的数字一致，若一致，则说明已经完成翻页。在此使用 Waits 的加载条件，即"text_to_be_present_in_element"(在元素中存在此文本)，代码如下：

```
wait.until(
    EC.text_to_be_present_in_element(
        (By.CSS_SELECTOR, "#J_bottomPage > span.p-num > a.curr"), str(page_number))
)
```

其中，目标定位采用 selector 选择器，"#J_bottomPage > span.p-num > a.curr"为高亮数字区域的选择器内容，"page_number"为输入框的内容。

图 1-45　当前页码高亮显示

分析页码页数和翻页的完整代码如下：

```
import re
from selenium import webdriver
from selenium.common.exceptions import TimeoutException
from selenium.webdriver.common.by import By
from selenium.webdriver.support import expected_conditions as EC
from selenium.webdriver.support.wait import WebDriverWait

browser = webdriver.Chrome()
wait = WebDriverWait(browser, 10)

def search():
    try:
        browser.get('https://www.jd.com/')
        input = wait.until(
            EC.presence_of_element_located((By.CSS_SELECTOR, "#key"))
        )
```

```python
        submit = wait.until(
            EC.element_to_be_clickable((By.CSS_SELECTOR, "#search > div > div.
form > button"))
        )
        input.send_keys('python 爬虫')
        submit.click()
        total_page = wait.until(
            EC.presence_of_element_located((By.CSS_SELECTOR, "#J_bottomPage >
span.p-skip > em:nth-child(1) > b"))
        )
        return total_page.text
    except TimeoutException:
        return search()


def next_page(page_number):
    try:
        input = wait.until(
            EC.presence_of_element_located((By.CSS_SELECTOR, "#J_bottomPage >
span.p-skip > input"))
        )
        submit = wait.until(
            EC.element_to_be_clickable(
                (By.CSS_SELECTOR, "#J_bottomPage > span.p-skip > a"))
        )
        input.clear()
        input.send_keys(page_number)
        submit.click()
        # 判断页码是否成功切换
        wait.until(
            EC.text_to_be_present_in_element(
                (By.CSS_SELECTOR, "#J_bottomPage > span.p-num > a.curr"),
str(page_number))
        )
    except TimeoutException:
        return next_page(page_number)
def main():
    try:
        total = search()
        for i in range(2, total + 1):
```

```
                    next_page(i)
                except Exception:
                print('出错啦！')
            finally:
                browser.close()

        if __name__ == '__main__':
            main()
```

1.3.5　分析提取商品内容

在提取商品内容模块我们利用 PyQuery 分析源代码，解析得到商品列表。其中主要爬取的是每一本"Python 爬虫"书籍数据信息：书籍名称、价格、评价数、出版社，如图 1-46 所示。

图 1-46　书籍信息

(1) 每一页的书籍列表是由 id 为"J_goodsList"的包围，在爬取每一本书籍信息前，需要判断书籍列表信息是否已成功加载，通过 Waits 的等待加载判断条件 presence_of_element_located 进行判断。代码如下：

```
# 等待书籍列表信息加载完成
wait.until(EC.presence_of_element_located((By.CSS_SELECTOR, "#J_goodsList > ul")))
```

其中，目标定位采用 selector 选择器，"#J_goodsList > ul"为书籍列表的选择器内容，且每一本书籍的 class 是"gl-item"，如图 1-47 所示。

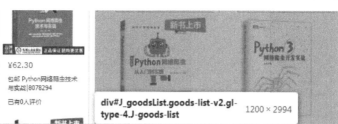

图 1-47 页面书籍信息

(2) 引入 PyQuery 库 "from pyquery import PyQuery as pq"，通过 PyQuery 解析书籍代码信息，步骤如下：

第一步，获取网页源代码。

```
html = browser.page_source
```

第二步，利用 PyQuery 解析网页源代码，并获得书籍列表源代码信息。代码如下：

```
from pyquery import PyQuery as pq

doc = pq(html)
items = doc('#J_goodsList > ul .gl-item').items()
```

第三步，通过 for 循环从 items 里获取每一本书籍数据信息：书籍名称、价格、评价数、出版社，如图 1-48 所示。代码如下：

```
for item in items:
        product = {
                'title': item.find('.p-name').text().replace('\n', ''),
                'price': item.find('.p-price').text(),
                'commit': item.find('.p-commit').text(),
                'shop': item.find('.p-shopnum').text()

        }
```

```
▼<li data-sku="12585508" data-spu="12585508" ware-type="11" class="gl-item"> == $0
  ▼<div class="gl-i-wrap">
   ▶<div class="p-img">…</div>
   ▶<div class="p-price">…</div>
   ▶<div class="p-name">…</div>
   ▶<div class="p-bookdetails">…</div>
   ▶<div class="p-commit" data-done="1">…</div>
   ▶<div class="p-shopnum" data-dongdong data-selfware="1" data-score="5" data-reputation="98" data-done="1">…</div>
   ▶<div class="p-icons" id="J_pro_12585508" data-done="1">…</div>
   ▶<div class="p-operate">…</div>
  </div>
</li>
```

图 1-48　书籍数据信息

最后，我们将完整的提取商品内容的代码组织写入 get_products()方法，代码如下：

```python
from pyquery import PyQuery as pq


def get_products():
    # 等待书籍列表信息加载完成
    wait.until(EC.presence_of_element_located((By.CSS_SELECTOR, "#J_goodsList > ul")))
    html = browser.page_source
    doc = pq(html)
    items = doc('#J_goodsList > ul .gl-item').items()
    for item in items:
        product = {
            'title': item.find('.p-name').text().replace('\n', ''),
            'price': item.find('.p-price').text(),
            'commit': item.find('.p-commit').text(),
            'shop': item.find('.p-shopnum').text()
        }
        print(product)
```

1.3.6　保存信息至 MongoDB

将商品列表信息存储到数据库 MongoDB 中。

第一步，创建一个 MongoClient 类的对象，用于连接 MongoDB 服务器，然后通过 client 访问数据库。其中："'localhost'"指本地数据库，"jd"指数据库名，"jd_table"为表名，"result"为书籍数据字典信息。

第二步，将 result 信息插入到 jd_table 表中，若成功，则输出"存储到 MongoDB成功"以及具体书籍字典内容，否则提示"存储到 MongoDB 失败"。

```python
client = pymongo.MongoClient('localhost', connect=False)
db = client['jd']


def save_to_mongo(result):
    try:
```

```
        if db['jd_table'].insert(result):
            print('存储到 MongoDB 成功', result)
except Exception:
        print('存储到 MongoDB 失败', result)
```

任务 1.3 完整代码如下：

```
import re
from selenium import webdriver
from selenium.common.exceptions import TimeoutException
from selenium.webdriver.common.by import By
from selenium.webdriver.support.ui import WebDriverWait
from selenium.webdriver.support import expected_conditions as EC
from pyquery import PyQuery as pq
import pymongo

client = pymongo.MongoClient('localhost', connect=False)
db = client['jd']
browser = webdriver.Chrome()
wait = WebDriverWait(browser, 10)

def search():
    try:
        browser.get('https://www.jd.com/')
        input = wait.until(
            EC.presence_of_element_located((By.CSS_SELECTOR, "#key"))
        )
        submit = wait.until(
            EC.element_to_be_clickable((By.CSS_SELECTOR, "#search > div > div.
form > button"))
        )
        input.send_keys('python 爬虫')
        submit.click()
        total_page = wait.until(
            EC.presence_of_element_located((By.CSS_SELECTOR, "#J_bottomPage >
span.p-skip > em:nth-child(1) > b"))
        )
        print(total_page.text)
        get_products()
        return total_page.text
    except TimeoutException:
```

```
                    return search()

def next_page(page_number):
    try:
        input = wait.until(
            EC.presence_of_element_located((By.CSS_SELECTOR, "#J_bottomPage >
span.p-skip > input"))
        )
        submit = wait.until(
            EC.element_to_be_clickable(
                (By.CSS_SELECTOR, "#J_bottomPage > span.p-skip > a"))
        )
        input.clear()
        input.send_keys(page_number)
        submit.click()
        # 判断页码是否成功切换
        wait.until(
            EC.text_to_be_present_in_element(
                (By.CSS_SELECTOR, "#J_bottomPage > span.p-num > a.curr"), str
(page_number))
        )
        get_products()
    except TimeoutException:
        return next_page(page_number)


def get_products():
    # 等待宝贝信息加载完成
    wait.until(EC.presence_of_element_located((By.CSS_SELECTOR, "#J_goodsList > ul")))
    html = browser.page_source
    doc = pq(html)
    items = doc('#J_goodsList > ul .gl-item').items()
    for item in items:
        product = {
            'title': item.find('.p-name').text().replace('\n', ''),
            'price': item.find('.p-price').text(),
            'commit': item.find('.p-commit').text(),
            'shop': item.find('.p-shopnum').text()
        }
        save_to_mongo(product)
```

```
def save_to_mongo(result):
    try:
        if db['jd_table'].insert(result):
            print('存储到 MongoDB 成功', result)
    except Exception:
        print('存储到 MongoDB 失败', result)


def main():
    try:
        total = search()
        for i in range(2, total + 1):
            next_page(i)
    except Exception:
        print('出错啦！')
    finally:
        browser.close()


if __name__ == '__main__':
    main()
```

以上程序运行结果如图 1-49 所示。

```
存储到MongoDB成功 {'price': '￥66.20', 'commit': '4000+
 条评价', 'title': 'Python网络爬虫权威指南 第2版(图灵出品)
 Python 3网络爬虫开发入门书籍，全面介绍网页抓取技术，解决
 Web数据采集、转换和使用中的诸多常见问题和痛点 100册以上团购
 优惠联系电话4006186622', 'shop': '人民邮电出版社',
 '_id': ObjectId('6063d1c61567f8b002d0218f')}
存储到MongoDB成功 {'price': '￥62.40', 'commit': '20万+
 条评价', 'title': 'Python编程 从入门到实践 第2版(图灵出品
 ) Python3.x编程入门图书，机器学习，数据处理，网络爬虫热门
 编程语言，从基本概念到完整项目开发，帮助零基础读者迅速掌握
 Python编程，附赠源代码文件 100册以上团购优惠联系电话
 4006186622', 'shop': '人民邮电出版社', '_id':
 ObjectId('6063d1c61567f8b002d02190')}
```

图 1-49 存储到 MongoDB 成功

实践训练

完成淘宝美食页面所有关键内容的爬取，如图 1-50 所示。要求如下：

(1) 安装项目中所用的库。

(2) 分析淘宝美食网页结构。

(3) 利用 Selenium 驱动浏览器搜索关键字，得到查询后的商品列表。

(4) 分析提取商品内容。

(5) 保存信息到 MongoDB 中。

图 1-50　淘宝美食网页

项目二 特殊网页数据获取

项目介绍

在互联网中，一些网页无须登录即可访问，但有些网页需要登录才能够访问，例如在新浪微博中，登录后才能访问用户的第二页信息。本项目主要介绍一些特殊网页的数据爬取，内容包括模拟登录、验证码识别、使用代理处理反爬虫。

教学大纲

技能培养目标

◎ 熟练掌握通过表单登录实现模拟登录的流程

◎ 熟练掌握验证码的识别

◎ 熟练掌握使用代理处理反爬虫

学习重点

◎ 模拟登录流程

◎ 验证码的处理

◎ 使用代理处理反爬虫

学习难点

◎ 验证码的处理

◎ 使用代理处理反爬虫

任务 2.1 数睿思网模拟登录

 任务目标

· 掌握使用 requests 库实现请求

· 掌握使用 Chrome 开发者工具查找模拟登录需要的相关信息

· 掌握表单登录的流程

 任务描述

表单登录是指通过编写程序模拟浏览器向服务器端发送 post 请求，提交登录需要的表单数据，获得服务器端认可，返回需要的结果，从而实现模拟登录。使用表单登录的方法模拟登录数睿思网站，登录页面如图 2-1 所示。数睿思网站的网址为 https://www.5iai.com:444/oauth/authorize?response_type=code&redirect_uri=https%3A%2F%2Fwww.tipdm.org%3A10010%2Fcallback&client_id=5f9285dc-c645-4d5d-9eb8-b18a024d15f3。

图 2-1　登录页面

 任务实施

2.1.1　查找提交入口

提交入口是指登录网页(类似图 2-1)的表单数据(如用户名、密码等)的真实提交地址，它不一定是登录网页的地址，出于安全需要，它可能会被设计成其他地址。

找到表单数据的提交入口是表单登录的前提。提交入口的请求方法大多数情况下是 post，因为用户的登录数据是敏感数据，使用 post 请求方法能够避免用户提交的登录数据在浏览器端被泄露，从而保障数据的安全性。因此，请求方法是否为 post 可以作为判断提交入口的依据。查找提交入口步骤如下：

(1) 打开网站，点击右上角的"登录"按钮，进入登录页面，如图 2-1 所示。

(2) 打开 Chrome 开发者工具后，点击"网络面板"，勾选"Preserve log"(保持日志)复选框，按"F5"键刷新网页使其显示各项资源，如图 2-2 所示。

图 2-2   显示各项资源页面

(3) 在登录页面输入账号、密码，点击"登录"按钮，提交表单数据，此时 Chrome 开发者工具会加载新的资源。

(4) 观察 Chrome 开发者工具左侧的资源，勾选"authorize"复选框，观察右侧的 "Headers"标签下的"General"信息，如图 2-3 所示，可发现"Request Method"的 信息为"post"，即请求方法为 post，可以判断"Request URL"的信息即为提交入口。

图 2-3   Chrome 开发者工具获取到的提交入口

2.1.2   查找并获取需要提交的表单数据

需要提交的表单数据是指向提交入口(代表的服务器端)发送登录请求时服务器

要求提交的表单数据，一般包括但不限于账号、密码。需要提交的表单数据一般多于登录网页要求输入的表单数据，因为某些需要提交的表单数据是在用户登录时才会自动生成并提交的，所以在登录网页是看不到的。

需要注意的是，与爬取无须登录的网页相同，爬取需要登录的网页时，如果向服务器提交请求，也必须带上请求头信息，伪装成浏览器进行提交，否则服务器会拒绝请求。除了常规的 User-Agent 信息外，一些网站可能出于安全的需要，强制客户端必须带上某些指定的请求头信息，这就需要模拟登录时带上这些请求头信息。

在 2.1.1 中，使用 Chrome 开发者工具可获取提交入口，在"Headers"标签中，"Form Data"信息为服务器端接收到的表单数据，如图 2-4 所示。其中，"username"表示账号，"password"表示密码，"redirect_urli"表示跳转网址。redirect_url 由系统自动生成并提交，它在登录网页时无须输入。

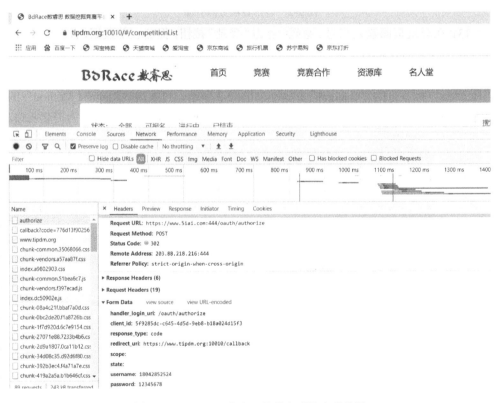

图 2-4　Chrome 开发者工具获取到的表单数据

测试表单登录时，redirect_url 是不需要提交的，但其他信息必须提交。判断哪些信息必须提交只能通过实际测试来判断，一般账号、密码、验证码是必须提交的。如果某些信息每次请求时都会变，那么它一般也是需要提交的。对于需要提交且每次登录都不会变的数据，直接复制提交即可；但对于需要提交且每次登录都会变的数据，必须想办法获取。图 2-4 中的"Form Data"下的"username""password"需要提交，其他不需要提交。

2.1.3 使用 post 请求方法登录

post 请求方法能够保障用户端提交数据的安全性，因此它被一般需要登录的网站采用。requests 库的 post 函数能够以 post 请求方法向服务器端发送请求，它返回一个 response <response>对象。post 函数的基本语法格式如下：

```
requests.post(url, data=None, json=None, **kwargs)
```

post 函数常用的参数及其说明如表 2-1 所示。

表 2-1　post 函数常用的参数及其说明

参　数	说　　　明
url	接收 string。表示提交入口。无默认值
data	接收 dict。表示需要提交的表单数据。无默认值

使用 post 函数发送请求的代码如下：

```
import requests
from fake_useragent import UserAgent
# 提交入口
login_url = "https://www.5iai.com:444/oauth/authorize?response_type=code&redirect_uri=
https%3A%2F%2Fwww.tipdm.org%3A10010%2Fcallback&client_id=5f9285dc-c645-4d5
d-9eb8-b18a024d15f3"
# 请求头
headers = {
    "User-agent": UserAgent().chrome
}
# 将需要提交的表单数据放进 dict
login_data = {
    "username": "18042852524",
    "password": "12345678"
}
# 提交表单数据，使用 POST 请求模拟登录
r = requests.post(url=login_url, headers=headers, data=login_data)
# 测试是否登录成功
print('发送请求后返回的网址为：',r.status_code)
```

需要注意的是，若某些需要提交的表单数据是通过请求的方式获得的，则发送此请求的客户端与最后发送 post 请求的客户端必须是同一个，否则会导致最后表单登录的请求失败。因为当客户端不同的时候，请求得到的表单数据和最后发送 post 请求时服务器端要求的表单数据是不匹配的。

cookie 可用于服务器端识别客户端，当发送请求的客户端享有同样的 cookie 时，即可认定客户端是同一个。requests 库的会话对象 session 能够跨请求地保持某些参

数，例如，它令发送请求的客户端享有相同的 cookie，从而保证表单数据的匹配。以 post 请求方法为例，通过 session 发送请求的基本语法格式如下：

```
s = requests.Session()
s.post(url, data=None, json=None, **kwargs)
```

使用 session 对象发送请求，代码如下：

```
import requests
from fake_useragent import UserAgent
# 提交入口
login_url = "https://www.5iai.com:444/oauth/authorize?response_type=code&redirect_uri=
https%3A%2F%2Fwww.tipdm.org%3A10010%2Fcallback&client_id=5f9285dc-c645-4d5d-
9eb8-b18a024d15f3"
# 请求头
headers = {
        "User-agent": UserAgent().chrome
}
# 构建需要提交的表单数据
login_data = {
        "username": "18042852524",
        "password": "12345678"
}
# 创建会话对象 session
s= requests.session()
# 使用 Session 对象发送请求
r = s.post(url=login_url, headers=headers, data=login_data)
# 测试是否登录成功
print('发送请求后返回的网址为：',r.status_code)
```

　　最后判断是否模拟登录成功。模拟登录是为了爬取需要登录才能访问的网页。当进行模拟登录操作后，若对原先需要登录才能访问的网页发送请求并能够返回需要的信息时(一般是源代码)，则证明登录成功。需要注意的是，返回状态码 200 并不能证明登录成功，它只表明表单数据被成功发送出去。

　　经测试发现，访问模拟登录后返回的 response 对象的 URL 属性(格式如 r.url)，若返回的 URL 为 "https://www.tipdm.org:10010/"，也可说明登录成功，因为它是在成功登录后返回的网址，否则返回的是提交入口 "https://www.5iai.com:444/oauth/authorize?response_type=code&redirect_uri=https%3A%2F%2Fwww.tipdm.org%3A10010%2Fcallback&client_id=5f9285dc-c645-4d5d-9eb8-b18a024d15f3"。需要注意的是，判断每个网页登录成功与否的方法都不一样，但最终标准只有一个，即能够从需要登录的网页返回需要的信息。

　　使用 requests 库的 post 函数，结合 2.1.1 节和 2.1.2 节已经实现的步骤，模拟登录

"https://www.5iai.com:444/oauth/authorize?response_type=code&redirect_uri=https%3A%2F%2Fwww.tipdm.org%3A10010%2Fcallback&client_id=5f9285dc-c645-4d5d-9eb8-b18a024d15f3"。若最后打印出来的跳转网址为"https://www.tipdm.org:10010"，则说明登录成功。

使用 session 对象发送请求，代码如下：

```
# 测试是否登录成功
print('发送请求后返回的网址为：',r.url)
```

登录成功后，返回结果如图 2-5 所示。

发送请求后返回的网址为： https://www.tipdm.org:10010/

图 2-5　返回结果

实践训练

使用表单登录的方法模拟登录"笔趣阁"网站，登录页面如图 2-6 所示。

图 2-6　笔趣阁首页页面

任务 2.2　古诗词网数据爬取

任务目标

- 会安装 Tesseract 工具，会配置环境
- 熟悉 PIL 和 Tesseract 库
- 能够利用 Pytesseract 识别简单的图形验证码

任务描述

机器视觉是人工智能领域一个正在快速发展的分支，简单来说，机器视觉就是用机器代替人眼来做测量和判断。从 Google 研究的无人驾驶到能识别假钞的自动售卖机，机器视觉一直是一个应用广泛且具有深远影响的领域。

在机器视觉领域，字符识别扮演着重要的角色，它可以利用计算机自动识别字符。对于图像中的字符，人类能够轻松地阅读，然而机器阅读却非常困难。当网络爬虫采集数据时，一旦遇到验证码就无法提取里面的字符信息。验证码技术就是用于这种人类能正常阅读而机器无法读取的图片。

在项目二的任务 2.1 中，我们讲了如何通过表单来实现模拟登录，登录需要用户名、密码，但往往很多网页比较复杂，登录还需要输入验证码，本任务主要是验证码的识别。古诗词网登录页面如图 2-7 所示。

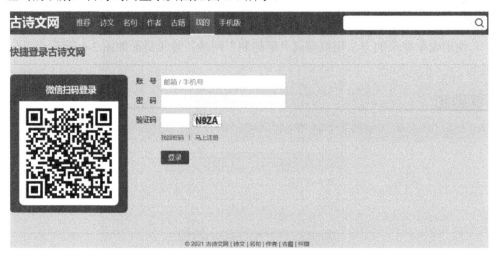

图 2-7　古诗词网登录页面

 任务实施

2.2.1　Tesseract 引擎的下载和安装

Tesseract 是一个开源的 OCR 库，是目前公认的开源 OCR 系统，具有准确度高、灵活性高等特点。它不仅可以通过训练识别任何字体(只要字体的风格保持不变即可)，还可以识别任何 Unicode 字符。

Tesseract 支持 60 种以上的语言，它提供了一个引擎和命令行工具。要想在 Windows 系统下使用 Tesseract，需要先安装 Tesseract-OCR 引擎，可以从其官网下载。下载页面如图 2-8 所示。

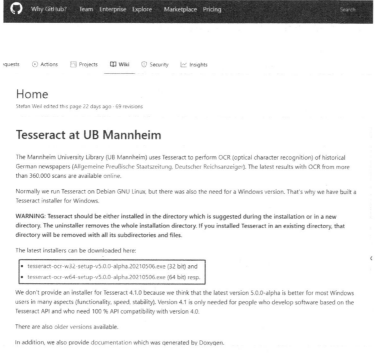

图 2-8　Tesseract-OCR 下载页面

　　下载完成后，鼠标双击安装文件，按照默认设置进行安装。默认情况下，安装文件会为其配置系统环境变量，以指向安装目录。这样就可以在任意目录下使用 tesseract 命令运行。如果没有配置环境变量，可以手动进行设置，默认安装目录为 C:\ Program Files (x86)\Tesseract-OCR。

　　打开命令行窗口，输入 tesseract 命令进行验证。如果安装成功，则会输出如图 2-9 所示的信息。

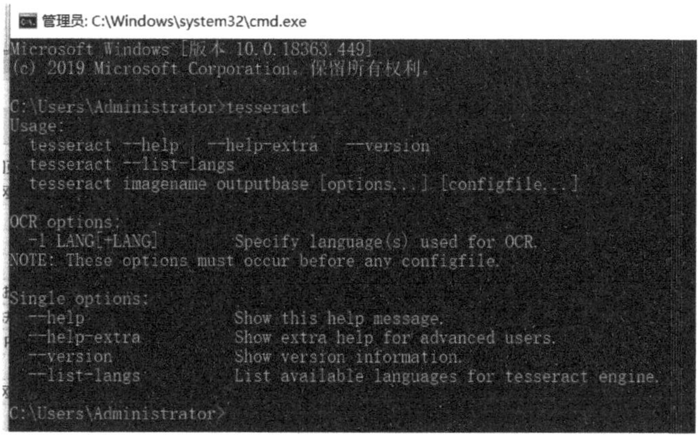

图 2-9　Tesseract-OCR 安装成功界面

2.2.2　第三方库安装

　　Tesseract 是一个命令行工具，安装后只能通过 Tesseract 命令在 Python 的外部运行，而不能通过 import 语句引入使用。为了解决上述问题，Python 提供了支持 Tesseract-OCR 引擎的 Python 版本的 pytesseract 库。

安装 pytesseract 需要遵守如下要求：

(1) Python 的版本必须是 Python 2.5+或 Python 3.x；

(2) 安装 Python 的图像处理库 PIL(或 Pillow)；

(3) 安装谷歌的 OCR 识别引擎 Tesseract-OCR。

pytesseract 库、PIL(或 Pillow)库的安装见本项目一任务 1.1 的 1.1.2，此处不再赘述。

2.2.3 验证码识别

输入验证码的目的是区分正常人和机器的操作，它是表单登录的主要障碍，所以必须获取它，要获取它必先识别它。

在模拟登录的过程中，识别验证码的方法主要有 3 种：人工识别、编写程序自动识别、使用打码接口识别。编写程序自动识别验证码的方法涉及图像处理相关知识，而使用打码接口识别的方法需支付一定的费用，所以本小节主要介绍编写程序自动识别验证码的方法，操作简单且无须支付额外费用。

编写程序自动识别验证码分为 3 个步骤：获取生成验证码的图片地址，将验证码图片下载到本地，验证码识别。

1. 获取生成验证码的图片地址

(1) 打开网站，进入登录网页，打开 Chrome 开发者工具后打开网络面板，按"F5"键刷新网页。

(2) 观察 Chrome 开发者工具左侧的资源，选择"RandCode.ashx"，观察右侧的"Preview"标签，若显示验证码图片如图 2-10 右侧所示，则"RandCode.ashx"资源的 request URL 信息为验证码图片的地址，如图 2-11 所示。

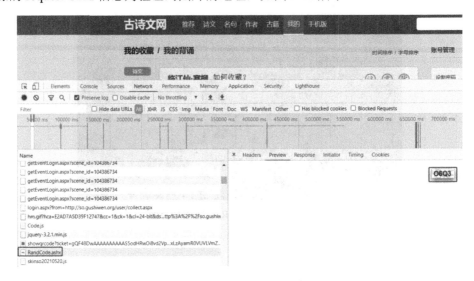

图 2-10　Chrome 开发者工具获取到的验证码图片

图 2-11　验证码图片对应的验证码地址

2. 将验证码图片下载到本地

获取验证码图片地址后，下一步对图片地址发送请求，将图片下载到本地。代码如下：

```
# 导入 requests 库
import requests
# 导入 PIL 库的 Image 模块
from PIL import Image
# 导入 fake_useragent 库的 UserAgent 模块
from fake_useragent import UserAgent
# 请求头
headers = {
    "User-agent": UserAgent().chrome,
}
# 验证码地址
image_url = "https://so.gushiwen.org/RandCode.ashx"
# 向验证码地址发送请求
r = requests.get(image_url, headers=headers)
# 将图片保存到本地
with open('captcha.gif', 'wb') as f:
    f.write(r.content)
```

3. 验证码识别

使用 PIL 库的 Image 模块可以自动调用本机的图片查看程序打开验证码图片，效率更高。

Image 模块自动打开图片分为两步：

(1) 使用 open 方法创建一个 Image 对象；

(2) 使用 show 方法显示图片。

open 方法和 show 方法的基本语法格式如下：

```
Image.open(fp, mode='r')
Image.show(title = None，command = None)
```

表 2-2　open 方法和 show 方法的常用参数及其说明

方法	参数名称	说　　明
open	fp	接收 string。表示图片路径地址。无默认值
show	title	接收 string。表示图片标题。一般默认为 None

Python 提供了一个支持 Tesseract-OCR 引擎的 Pytesseract 库，可以通过如下 import 语句引入使用：

```
import pytesseract
```

Pytesseract 是一款用于 OCR 的 Python 工具，可以从图片中识别和"读取"其中嵌入的文字。其语法格式如下：

```
image_to_string(image, lang=None, boxes=False, config=None)
```

代码如下：

```python
# 导入 requests 库
import requests
# 导入 fake_useragent 库的 UserAgent 模块
from fake_useragent import UserAgent
# 导入 pytesseract 库
import pytesseract
# 导入 PIL 库的 Image 模块
from PIL import Image
# 请求头
headers = {
    "User-agent": UserAgent().chrome,
}
# 验证码地址
image_url = "https://so.gushiwen.org/RandCode.ashx"
# 向验证码地址发送请求
r = requests.get(url=image_url, headers=headers).content
# 将图片保存到本地
with open('captcha.gif', 'wb') as f:
```

```
          f.write(r)
    # 创建 Image 对象
    image = Image.open('captcha.gif')
    # 从图片中识别验证码
    captcha = pytesseract.image_to_string(image)
    print(captcha)
```

运行上述代码可能会出现两个问题：

(1) 出现如图 2-12 所示的报错信息。

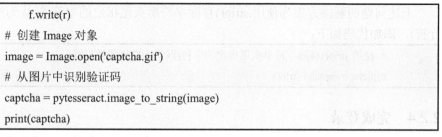

图 2-12　报错

上述问题的解决方案为找到"pytesseract.py"文件，如图 2-13 所示。将文件中的"tesseract_cmd = 'tesseract'"修改为"tesseract_cmd = 'C:\Program Files\Tesseract-OCR\\tesseract.exe'"。"C:\Program Files\Tesseract-OCR"为 Tesseract-OCR 安装路径。

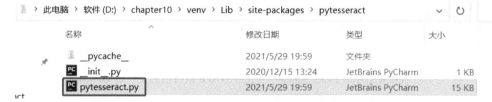

图 2-13　"pytesseract.py"文件

(2) 打印验证码时，出现特殊符号，如图 2-14 所示。

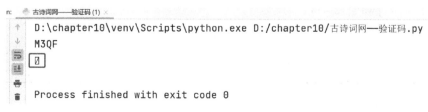

图 2-14　出现特殊符号

上述问题的解决方案为使用.strip()移除字符串头尾指定的字符(默认为空格或换行符)，添加代码如下：

```
# 使用.strip()移除字符串头尾指定的字符(默认为空格或换行符)
captcha = captcha.strip()
```

2.2.4 完成登录

在任务 2.1 中，我们详细介绍了模拟登录，古诗词网登录除了需要 email、pwd 外，还需要_VIEWSTATE、_VIEWSTATEGENERATOR、from、code、denglu 等字段，如图 2-15 所示。

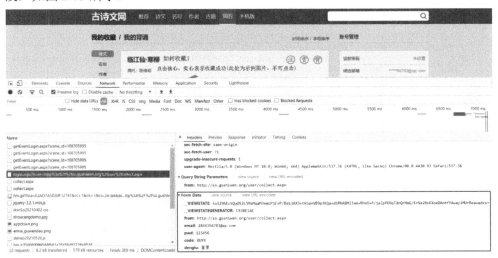

图 2-15 Chrome 开发者工具获取到的表单数据

由于_VIEWSTATE、code 每次请求时都会变，因此一般是需要将其提交的。_VIEWSTATEGENERATOR、from、denglu 字段保留原值即可。

构建需要提交的表单数据，代码如下：

```
# 构建需要提交的表单数据
login_data = {
    "__VIEWSTATE": viewState, #__VIEWSTATE 值每次会变，用 viewState 来取代
    "__VIEWSTATEGENERATOR": "C93BE1AE",
    "from": "http://so.gushiwen.org/user/collect.aspx",
    "email": "2844356783@qq.com",
    "pwd": "123456",
    "code": captcha(), #code 值每次会变，用 captcha()来获得
    "denglu": "登录"
}
```

1. viewState 的获取

选中"古诗词登录页"，选择"查看网页源代码"，网页源代码如图 2-16 所示。

图 2-16 网页源代码

viewState 的获取代码如下：

```
# 导入 requests 库
import requests
# 导入 fake_useragent 库的 UserAgent 模块
from fake_useragent import UserAgent
# 导入 lxml 库的 etree 模块
from lxml import etree
# 请求头
headers = {
    "User-agent": UserAgent().chrome,
}
login_url="https://so.gushiwen.org/user/login.aspx?from=http://so.gushiwen.org/user/collect.aspx"
r = requests.get(url=login_url, headers=headers).text
tree = etree.HTML(r)
viewState = "".join(tree.xpath("//form/div[1]/input/@value"))
print(viewState)
```

2. code 的获取

按照本任务 2.2.3 的方法获取 code。一般验证码为 4 位，这里可增加一个判断，判断验证码的长度是否为 4 位，若是，则登录成功，否则登录失败。相关操作代码如下：

```
if len(captcha) == 4:
    print("识别正确，可以登录")
    print("code: " + captcha)
    # 构建需要提交的表单数据
    login_data = {
        "__VIEWSTATE": viewState,  # __VIEWSTATE 值每次会变，用 viewState 来取代
        "__VIEWSTATEGENERATOR": "C93BE1AE",
```

```
                        "from": "http://so.gushiwen.org/user/collect.aspx",
                        "email": "2844356783@qq.com",
                        "pwd": "123456",
                        "code": captcha,   # code 值每次会变，用 get_captcha()来获得
                        "denglu": "登录"
                }
                # 提交表单数据，使用 POST 请求方法向提交入口发送请求
                r = requests.post(url=login_url, data=login_data, headers=headers)
                # 测试是否登录成功
                # 爬取登录成功后的页面
                detail_url = "https://so.gushiwen.org/user/collect.aspx"
                r = requests.get(url=detail_url, headers=headers)
                print(r.text)
        else:
                print("验证码识别错误，请再试一次吧")
```

由于 requests 库的会话对象 session 能够跨请求地保持某些参数，故需创建一个
session 对象。本任务完整代码如下：

```
        # 导入 requests 库
        import requests
        # 导入 fake_useragent 库的 UserAgent 模块
        from fake_useragent import UserAgent
        # 导入 pytesseract 库
        import pytesseract
        # 导入 PIL 库的 Image 模块
        from PIL import Image
        # 导入 lxml 库的 etree 模块
        from lxml import etree
        # 提交入口
        login_url = "https://so.gushiwen.org/user/login.aspx?from=http://so.gushiwen.org/user/
        collect.aspx"
        # 请求头
        headers = {
                "User-agent": UserAgent().chrome,
        }
        # 创建一个 session 对象
        s = requests.Session()
        # 获取 viewState
        r = s.get(url=login_url, headers=headers).text
```

```
tree = etree.HTML(r)
viewState = "".join(tree.xpath("//form/div[1]/input/@value"))
# 验证码地址
image_url = "https://so.gushiwen.org/RandCode.ashx"
# 向验证码地址发送请求
r = s.get(url=image_url, headers=headers).content
# 将图片保存到本地
with open('captcha.gif', 'wb') as f:
    f.write(r)
# 创建 Image 对象
image = Image.open('captcha.gif')
# 从图片中识别验证码
captcha = pytesseract.image_to_string(image)
captcha = captcha.strip()
if len(captcha) == 4:
    print("识别正确，可以登录")
    print("code: " + captcha)
    # 构建需要提交的表单数据
    login_data = {
        "__VIEWSTATE": viewState,   # __VIEWSTATE 值每次会变，用 viewState 来取代
        "__VIEWSTATEGENERATOR": "C93BE1AE",
        "from": "http://so.gushiwen.org/user/collect.aspx",
        "email": "2844356783@qq.com",
        "pwd": "123456",
        "code": captcha,   # code 值每次会变，用 get_captcha()来获得
        "denglu": "登录"
    }
    # 提交表单数据，使用 POST 请求方法向提交入口发送请求
    r = s.post(url=login_url, data=login_data, headers=headers)
    # 测试是否登录成功
    # 爬取登录成功后的页面
    detail_url = "https://so.gushiwen.org/user/collect.aspx"
    r = s.get(url=detail_url, headers=headers)
    print(r.text)
else:
    print("验证码识别错误，请再试一次吧")
```

以上程序运行效果如图 2-17 所示。

```
</div>
<div class="right">
<div class="shisoncont">
<div class="line"><a href="/user/modifypwd.aspx?from=http://so.gushiwen.org/user/collect.aspx">设新密码</a><span>未设置
</span></div>
<div class="line"><a href="/user/bandemail.aspx?from=http://so.gushiwen.org/user/collect.aspx">绑定邮箱</a><span>****56783@qq
.com</span></div>
<div class="line"><a href="/user/bandphone.aspx?from=http://so.gushiwen.org/user/collect.aspx">绑定手机号</a><span>未绑定
</span></div>
<div class="line"><a id="bwxhao" style="cursor:pointer;">绑定公众号</a><span id="bwxbool"></span></div>
<div class="line"><a href="/user/loginlose.aspx?from=http://so.gushiwen.org/user/collect.aspx">退出登录</a></div>
```

图 2-17　运行效果图

用户只有登录成功才能访问会员中心，其网址为 "https://so.gushiwen.org/user/collect.aspx"。模拟登录后，若向该网址发送请求，能够返回需要的信息，则证明登录成功，否则失败，以此作为判断标准。运行结果中出现了登录邮箱，也说明登录成功。

注意：由于每次获得的验证码不一样，图片的背景会影响验证码的精度，所以运行本代码并不是每次都会成功。提高验证码精度涉及图像处理等相关知识，难度较高且原理复杂，超出我们现阶段的知识范围，故本书不涉及。

实践训练

通过人工识别验证码登录千千小说网网站，登录页面如图 2-18 所示。

图 2-18　千千小说网登录页面

任务 2.3　微信网页代理爬虫文章信息

　任务目标

· 使用 Flask + Redis 维护代理池

- 爬取索引页内容
- 设置代理
- 分析详情页内容
- 保存数据信息至 MongoDB

 任务描述

当某一 IP 频繁访问一网站时，该网站会检测在一段时间内该 IP 的访问次数，并且会禁止该 IP 的访问。针对这种问题，可以利用代理服务器，每隔一段时间更换一个代理。当某个 IP 被禁止时，可以更换其他 IP 继续爬取网站数据，进而有效解决被网站禁止访问的问题。代理多用于防止"防爬虫"机制。

用户可以通过代理网站获取免费代理。但是这些免费开放的代理通常会被很多人使用，而且使用时速度慢、寿命短、匿名度不高、HTTP/HTTPS 支持不稳定。针对这类问题爬虫工程师或爬虫公司会通过找专门的代理供应商购买高品质的私密代理，再通过用户名/密码授权使用。免费代理网站有：全网代理 IP、快代理免费代理、西刺免费代理 IP 等。

搜狗(sogo)网站提供了"微信"模块，即 sogo 爬取了微信文章信息和公众号的信息，如图 2-19 所示。但是 sogo 具有很多反爬虫的措施，会检测到访问 IP 异常，进而封锁 IP。本任务主要利用代理来爬取 sogo "微信"模块中关于"程序员"的微信文章信息，包括文章名、文章内容，并将爬取的信息保存到 MongoDB 中。

网页　微信　知乎　图片　视频　医疗　科学　汉语　英文　问问　学术　⋮

图 2-19　搜狗"微信"模块页面

 任务实施

2.3.1　网页结构分析

打开 sogo 网站的"微信"网页，在搜索输入框中输入关键词"程序员"，点击"搜文章"按钮，进入该项目要爬取的网页，如图 2-20 所示。其中我们主要爬取的数据信息包括文章名、文章内容。

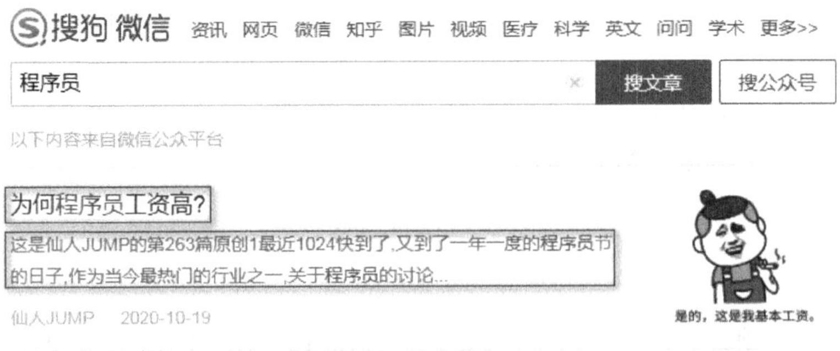
搜狗微信
资讯 网页 微信 知乎 图片 视频 医疗 科学 英文 问问 学术 更多>>
程序员
搜文章
搜公众号
以下内容来自微信公众平台
为何程序员工资高?
这是仙人JUMP的第263篇原创1最近1024快到了,又到了一年一度的程序员节的日子,作为当今最热门的行业之一,关于程序员的讨论...
仙人JUMP 2020-10-19
是的，这是我基本工资。

图 2-20　搜狗“微信”网页

查看 URL 信息，其中“query”代表关键词、“type”代表文章、“page”代表页数，修改“page”即可实现翻页，如图 2-21 所示。在此我们只保留“query”“type”“page”几个参数信息即可，如图 2-22 所示。

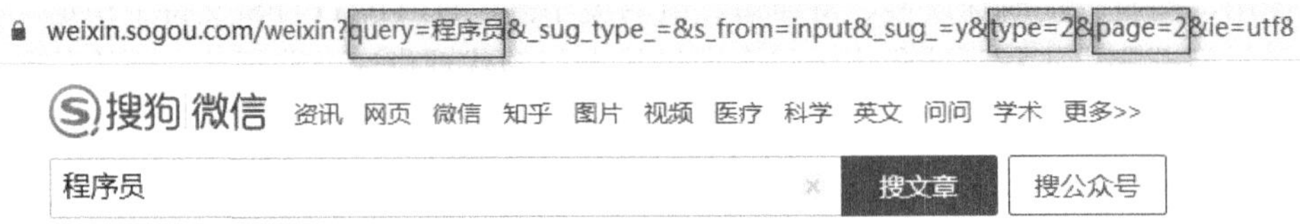
weixin.sogou.com/weixin?query=程序员&_sug_type_=&s_from=input&_sug_=y&type=2&page=2&ie=utf8
搜狗微信
资讯 网页 微信 知乎 图片 视频 医疗 科学 英文 问问 学术 更多>>
程序员
搜文章
搜公众号

图 2-21　页面 URL 信息

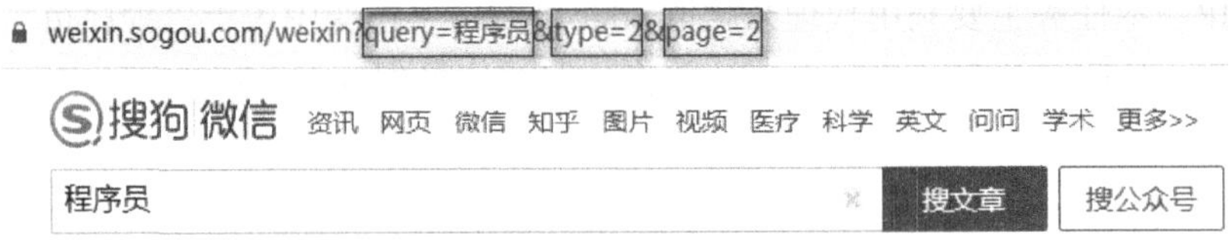
weixin.sogou.com/weixin?query=程序员&type=2&page=2
搜狗微信
资讯 网页 微信 知乎 图片 视频 医疗 科学 英文 问问 学术 更多>>
程序员
搜文章
搜公众号

图 2-22　保留主要 url 信息

在持续翻页后，网站会封锁 IP，执行反爬虫措施，如图 2-23 所示。

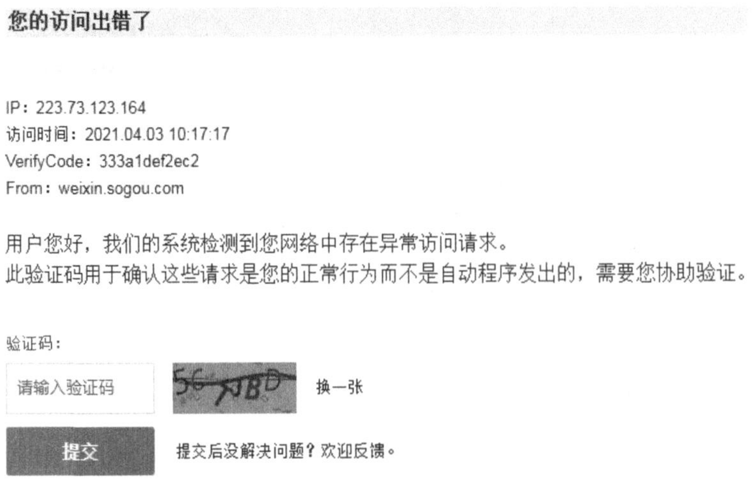
您的访问出错了
IP：223.73.123.164
访问时间：2021.04.03 10:17:17
VerifyCode：333a1def2ec2
From：weixin.sogou.com
用户您好，我们的系统检测到您网络中存在异常访问请求。
此验证码用于确认这些请求是您的正常行为而不是自动程序发出的，需要您协助验证。
验证码：
请输入验证码
换一张
提交
提交后没解决问题？欢迎反馈。

图 2-23　反爬虫页面

右键单击网页，打开检查→“Network”→勾选“Preserve”，在搜索框中输入

"weixin?"，显示的信息为请求的 URL。其中状态码 200 代表请求成功；状态码 302 代表请求失败，并且跳转到了反爬虫的页面，如图 2-24 所示，通过输入验证码可以进行解封。

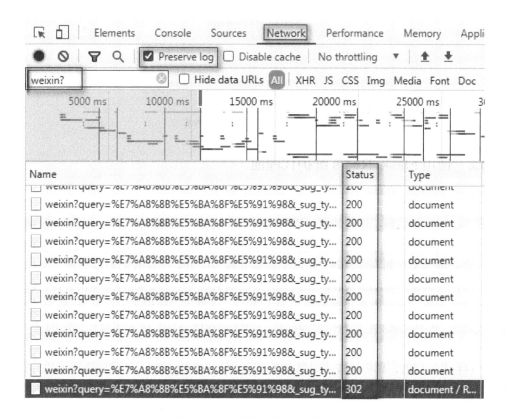

图 2-24 网页请求的 URL 信息

当没有登录网站时，只能查看前 10 页信息，如图 2-25 所示，所以在请求的时候，可以通过添加 cookie 登录信息完成登录。

当前只显示前100条内容，**登录** 可查看更多。

上一页   1 … 6 7 8 9 **10** 找到约24,943条结果

图 2-25 未登录页面访问受限显示内容

当请求成功时，访问文章，发现访问的文章链接来自于微信，此链接独立于 sogo 的链接；分析网页结构，发现微信文章中存在文章名、文章内容、公众号名、发布时间以及图片、阅读量等。在此，我们通过搜索获取文章列表，然后请求详情页，爬取文章的相关信息，主要爬取文章名、文章内容，最后保存到数据库 MongoDB 中，如图 2-26 所示。

图 2-26　爬取网页文章的内容

2.3.2　使用 Flask+Redis 维护代理池

在爬取微信文章时，可能会出现验证码识别页面，此时 IP 被封，网页请求由 200 变成 302 的错误状态，这种情况可以使用代理伪装 IP，完成爬虫请求。由于互联网上公开的大量免费代理，有好有坏，因此需要对大量代理进行维护，剔除没有用的代理。

在对微信文章列表爬取时，可能会需要非常多的 IP，在此我们需要维护一个代理池，即代理队列，可以存入和取出代理，并且对代理池进行定期的检查和更新，以保证代理的可用，进而避免代理对爬虫产生影响。这里我们使用 Flask 和 Redis 维护一个代理池，其中 Redis 主要为代理池提供一个队列存储，Flask 用来实现代理池的接口。

代理池的要求如下：

(1) 多站爬取，异步检查，即爬取各大网站的免费 IP 代理，通过异步请求的方式，使用代理请求页面。如果能够正常请求，那么说明代理是可以使用的，否则将其剔除。

(2) 定时筛选，持续更新，即定时对代理池中的代理进行检查，剔除不可用的代理，从而保证代理池中的代理是最新的、可用的。

(3) 提供接口，易于提取。代理池中的代理可以使用数据库存储或数据结构存储。当爬虫项目需要使用代理时，可以通过接口与代理池建立连接。所以，可以通过 web 服务器来实现一个接口，如 Flask、Tormado 等，爬虫项目通过请求接口就可以获取到一个可用代理了。

本项目利用 Flask 和 Redis 维护代理池。

代理池是通过获取各个免费的代理资源中的代理 IP 信息并存储到本地，然后进行验证是否可用，再维护可用代理 IP 列表，最后在需要使用的时候取出代理 IP，如图 2-27 所示。

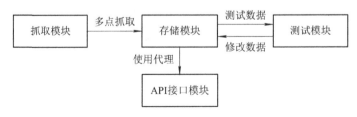

图 2-27　代理池使用流程

下载代码"proxy_pool-master"并使用 Pycharm 软件打开,如图 2-28 所示。

图 2-28　软件打开代码信息页面

在网址"https://proxy-pool.readthedocs.io/zh/latest/user/index.html"下查看"proxy_pool-master"用户指南。根据"proxy_pool-master"文件使用要求,安装需要的相关文件,如库 APScheduler、werkzeug、Flask、requests、PyExecJS、click、gunicorn、lxml、redis。可到如下的项目目录下直接使用 pip 安装依赖库,安装情况如图 2-29 所示。

```
pip install -r requirements.txt
```

```
Terminal:  Local   +
(base) D:\PycharmProjects\proxy_pool-master>pip install -r requirements.txt
```

图 2-29　pip 安装依赖库

当出现如图 2-30 所示的信息时,说明安装成功。

```
Successfully installed APScheduler-3.7.0 PyExecJS-1.5.1 gunicorn-20.1.0 tzlocal-2.1

(base) D:\PycharmProjects\proxy_pool-master>
```

图 2-30　依赖库安装成功页面

Redis 需要安装软件,启动服务。接下来在 Windows 7 系统下安装 Redis。步骤如下:

(1) 首先在官网下载 Redis(https://github.com/microsoftarchive/redis/tags),如图 2-31

所示。选择"win-3.2.100"，这里根据电脑系统选择 64 位，将"Redis-x64-3.2.100.zip"压缩包下载到 D 盘，解压文件名为"Redis"。

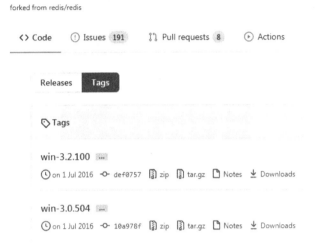

图 2-31　Redis 官网下载页

(2) 打开命令提示符，切换目录至 Redis 下，运行如下命令，启动服务端。

```
redis-server.exe redis.windows.conf
```

当出现如图 2-32 所示窗口的时候，代表 Redis 服务器启动成功。

图 2-32　Redis 服务器启动成功

(3) 不要关闭原窗口，在此打开命令提示符，同样切换到 Redis 目录，运行如下命令启动客户端，如图 2-33 所示。

```
redis-cli.exe -h 127.0.0.1 -p 6379
```

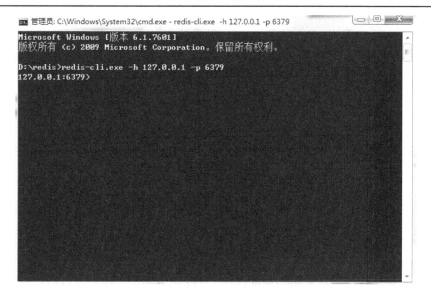

图 2-33　启动客户端

启动客户端后，可以测试 Redis 是否可以用，如获取服务器密码等操作。

再次开启电脑的时候，需要重新启动 Redis 服务，再次执行以上操作步骤。为了避免再次重复启动，可将 Redis 服务添加到服务管理器里。

(4) 打开第三个命令窗口，切换到 Redis 目录下，执行以下命令：

```
redis-server.exe --service-install redis.windows.conf
```

执行结果如图 2-34 所示。

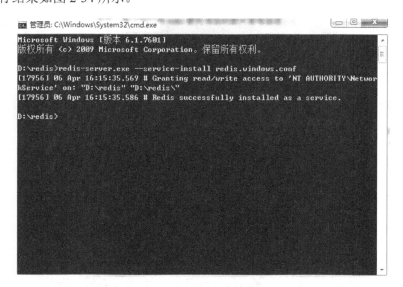

图 2-34　Redis 服务添加到服务管理器的执行结果

(5) 打开第四个命令窗口，切换到 Redis 目录下，执行以下命令：

```
services.msc
```

执行结果如图 2-35 所示。

图 2-35　在本地服务启动 Redis

（6）最后，启动代理池项目。

如果已配置好运行环境，具备运行条件，可以通过 proxyPool.py 启动。proxyPool.py 是项目的运行入口。完整程序包含两部分：schedule 调度程序和 server API 服务。调度程序负责采集和验证代理，API 服务提供代理服务 HTTP 接口。

可通过如下命令行程序分别启动调度程序和 API 服务：

```
# 启动调度程序
python proxyPool.py schedule
# 启动 webApi 服务
python proxyPool.py server
```

代理池启动成功后，可以在 schedule 下看到获取的代理信息，如图 2-36 所示。在 server 下查看利用接口访问的代理信息，如图 2-37 所示。

```
2021-04-08 13:02:14,958 fetch.py[line:52] INFO ProxyFetch - freeProxy04: 45.172.108.55:9991     success
2021-04-08 13:02:14,959 fetch.py[line:52] INFO ProxyFetch - freeProxy04: 182.46.121.236:9999     success
2021-04-08 13:02:14,959 fetch.py[line:52] INFO ProxyFetch - freeProxy04: 58.253.153.64:9999     success
2021-04-08 13:02:14,960 fetch.py[line:52] INFO ProxyFetch - freeProxy04: 103.120.130.229:80     success
2021-04-08 13:02:14,961 fetch.py[line:52] INFO ProxyFetch - freeProxy04: 114.99.8.86:8888     success
2021-04-08 13:02:14,961 fetch.py[line:52] INFO ProxyFetch - freeProxy04: 212.164.52.198:80     success
2021-04-08 13:02:14,962 fetch.py[line:52] INFO ProxyFetch - freeProxy04: 157.230.85.89:8080     success
2021-04-08 13:02:14,963 fetch.py[line:52] INFO ProxyFetch - freeProxy04: 113.128.123.139:9999     success
2021-04-08 13:02:14,963 fetch.py[line:52] INFO ProxyFetch - freeProxy04: 175.44.109.50:9999     success
2021-04-08 13:02:14,964 fetch.py[line:52] INFO ProxyFetch - freeProxy04: 217.195.203.28:3128     success
```

图 2-36　schedule 中查看获取的代理信息

```
127.0.0.1 - - [08/Apr/2021 11:36:38] "GET /get/ HTTP/1.1" 200 -
127.0.0.1 - - [08/Apr/2021 11:36:39] "GET /get/ HTTP/1.1" 200 -
127.0.0.1 - - [08/Apr/2021 11:36:41] "GET /get/ HTTP/1.1" 200 -
127.0.0.1 - - [08/Apr/2021 11:36:42] "GET /get/ HTTP/1.1" 200 -
127.0.0.1 - - [08/Apr/2021 11:36:44] "GET /get/ HTTP/1.1" 200 -
127.0.0.1 - - [08/Apr/2021 11:36:46] "GET /get/ HTTP/1.1" 200 -
127.0.0.1 - - [08/Apr/2021 11:36:47] "GET /get/ HTTP/1.1" 200 -
127.0.0.1 - - [08/Apr/2021 11:36:49] "GET /get/ HTTP/1.1" 200 -
127.0.0.1 - - [08/Apr/2021 11:36:50] "GET /get/ HTTP/1.1" 200 -
127.0.0.1 - - [08/Apr/2021 11:36:52] "GET /get/ HTTP/1.1" 200 -
127.0.0.1 - - [08/Apr/2021 11:36:53] "GET /get/ HTTP/1.1" 200 -
127.0.0.1 - - [08/Apr/2021 11:36:55] "GET /get/ HTTP/1.1" 200 -
127.0.0.1 - - [08/Apr/2021 11:36:57] "GET /get/ HTTP/1.1" 200 -
127.0.0.1 - - [08/Apr/2021 11:36:58] "GET /get/ HTTP/1.1" 200 -
```

图 2-37　server 下查看利用接口访问的代理信息

在浏览器中输入"http://127.0.0.1:5010"时，可以看到代理 API 的信息，如图

2-38 所示。

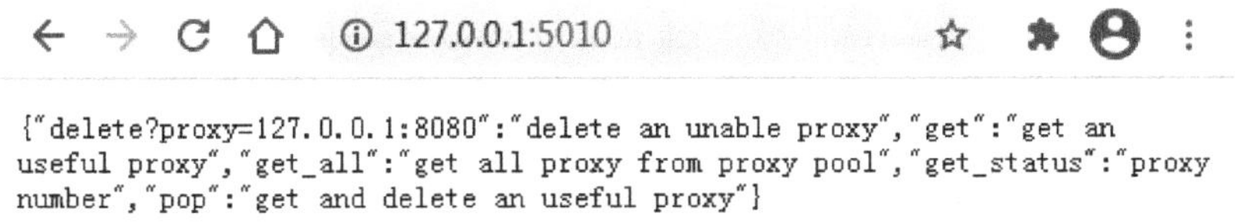

← → C ⌂ ⓘ 127.0.0.1:5010 ☆ ✦ 😊 ⋮

{"delete?proxy=127.0.0.1:8080":"delete an unable proxy","get":"get an useful proxy","get_all":"get all proxy from proxy pool","get_status":"proxy number","pop":"get and delete an useful proxy"}

图 2-38　代理 API 信息

当在浏览器中输入"http://127.0.0.1:5010/get/"时，可以从代理队列中获取一个代理地址，点击"刷新"按钮，代理地址会更新，如图 2-39 所示。

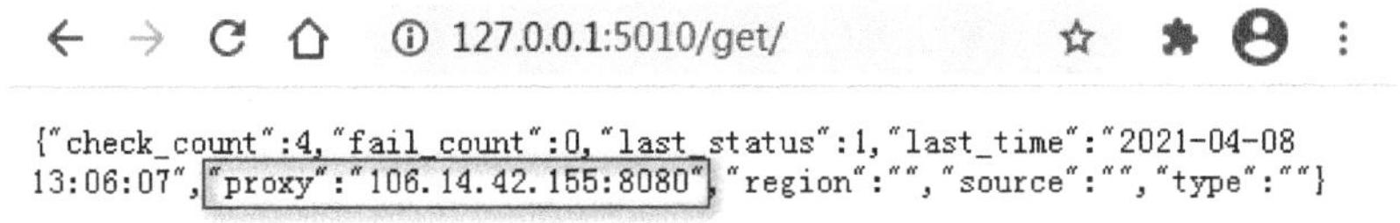

← → C ⌂ ⓘ 127.0.0.1:5010/get/ ☆ ✦ 😊 ⋮

{"check_count":4,"fail_count":0,"last_status":1,"last_time":"2021-04-08 13:06:07", "proxy":"106.14.42.155:8080","region":"","source":"","type":""}

图 2-39　代理地址

当在浏览器中输入"http://127.0.0.1:5010/get_status/"时，可以从数据库中查看可用的代理个数，如图 2-40 所示。

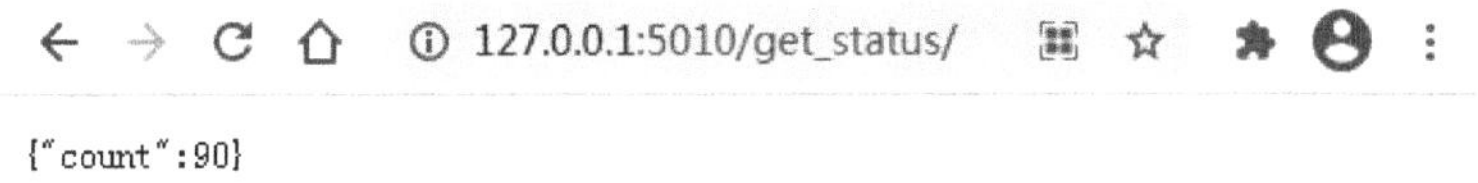

← → C ⌂ ⓘ 127.0.0.1:5010/get_status/ ▦ ☆ ✦ 😊 ⋮

{"count":90}

图 2-40　查看代理个数

当在浏览器中输入 http://127.0.0.1:5010/get_all/时，可以查看所有代理信息，如图 2-41 所示。

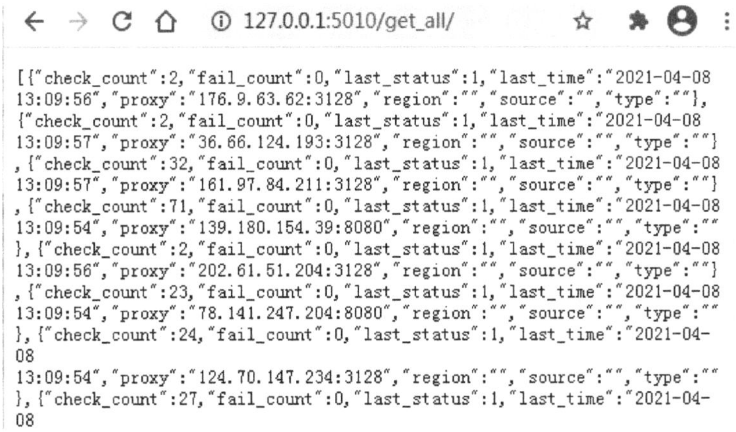

← → C ⌂ ⓘ 127.0.0.1:5010/get_all/ ☆ ✦ 😊 ⋮

[{"check_count":2,"fail_count":0,"last_status":1,"last_time":"2021-04-08 13:09:56","proxy":"176.9.63.62:3128","region":"","source":"","type":""}, {"check_count":2,"fail_count":0,"last_status":1,"last_time":"2021-04-08 13:09:57","proxy":"36.66.124.193:3128","region":"","source":"","type":""} , {"check_count":32,"fail_count":0,"last_status":1,"last_time":"2021-04-08 13:09:57","proxy":"161.97.84.211:3128","region":"","source":"","type":""} , {"check_count":71,"fail_count":0,"last_status":1,"last_time":"2021-04-08 13:09:54","proxy":"139.180.154.39:8080","region":"","source":"","type":"" }, {"check_count":2,"fail_count":0,"last_status":1,"last_time":"2021-04-08 13:09:56","proxy":"202.61.51.204:3128","region":"","source":"","type":""} , {"check_count":23,"fail_count":0,"last_status":1,"last_time":"2021-04-08 13:09:54","proxy":"78.141.247.204:8080","region":"","source":"","type":"" }, {"check_count":24,"fail_count":0,"last_status":1,"last_time":"2021-04-08 13:09:54","proxy":"124.70.147.234:3128","region":"","source":"","type":"" }, {"check_count":27,"fail_count":0,"last_status":1,"last_time":"2021-04-08

图 2-41　所有代理信息

同时也可以下载可视化工具 Redis Desktop Manager，更加友好地查看代理信息。若将工具连接 Redis 服务器，则可以查看具体的代理内容，如图 2-42、图 2-43 所示。

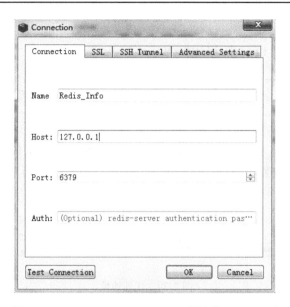

图 2-42　Redis Desktop Manager 工具连接 Redis 页面

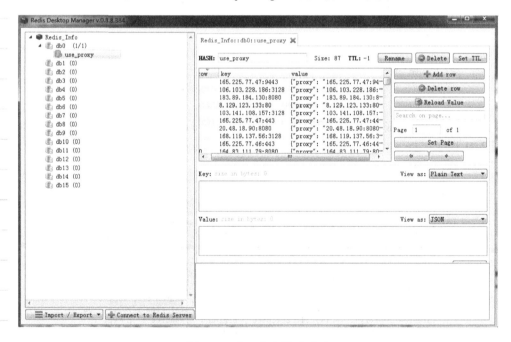

图 2-43　代理内容展示页面

2.3.3　爬取索引页内容

创建项目，命名为 Weixin_Spider，然后创建一个 Python 文件"fan_spider.py"。在本节中完成索引页的爬取，利用 requests 请求目标站点，得到索引页 HTML 代码，返回文章列表。

首先分析网页的 URL，每一个页面由 base_url(https://weixin.sogou.com/weixin?)

及请求参数 query、type、page 组成；然后通过自定义 get_html()方法获取索引页 HTML 代码；如果请求失败，则再次调用 get_html()方法；若请求成功，则将网页 HTML 内容返回，如果请求返回状态码为 302，则说明网站 IP 被封锁了。

获取索引页 URL 及 HTML 代码如下：

```python
# 使用本地 IP 获取 html 源代码
def get_html(url):
    try:
        response = requests.get(url, allow_redirects=False, headers=headers)
        if response.status_code == 200:
            return response.text
        if response.status_code == 302:
            #need proxy
            print('302')
            pass
    except ConnectionError:
        return get_html(url)


# 获取索引页
base_url = 'https://weixin.sogou.com/weixin?'
def get_index(keyword, page):
    data = {
        'query': keyword,
        'type': 2,
        'page': page
    }
    #将字典进行编码，将其改成 get 请求参数的格式
    queries = urlencode(data)
    url = base_url + queries
    html = get_html(url)    # 获取 html 源代码
    print(html)


def main():
    get_index('程序员', 2)


if __name__ == '__main__':
    main()
```

其中，"keyword"为搜索关键词。因为登录之后才可以查看更多内容，将登录后的"Headers"作为参数进行请求，"Headers"包括 cookie、Host、Referer、Upgrade-

Insecure-Requests、User-Agent 信息，如图 2-44 所示。

```
Headers  Preview  Response  Initiator  Timing  Cookies
Connection: keep-alive
Cookie: ABTEST=0|1615604573|v1; SUID=E87B49DF771A910A00000000604C2B5E; SUID=E87B49DF4322910A00000000604C2B5F; weixi
nIndexVisited=1; SUV=0068057ADF497BE8604C2B62E3E63740; ld=ekllllllll2kB8p@lllllpxXGbDlllllT1OEkZlllll9lllllkllll5@@
@@@@@@@@; sw_uuid=3216567296; ssuid=9529549204; SNUID=80D2BD6C6267DD0F1396032C625BBEE3; IPLOC=CN4401; ppinf=5|1617
891307|1619100907|dHJ1c3Q6MToxfGNsaWVudGlkOjQ6MjAxN3x1bmlxbmFtZTo1OnlhbmxpfGNydDoxMDoxNjE3ODkxMzA3fHJ1Zm5pY2s6NTp5
YW5saXx1c2VyaWQ6NDQ6bzl0Mmx1SWVBeDlaOWhJUGVBbWQzV31FbllOQUB3ZW14aW4uc29odS5jb218; pprdig=eyrs3ylhasEbWvs4kUuYJ7QY7
s3lk_IxoGU8zd6GetG5_RGk2cuBXfU4rYYtibjJ3R2WO2UakLnPWCIjb_RMqsJG_3ZzIGYJmKeJhRUlw_V1rKJf198vGaBJJLgOPfRV5oHMWTkAgcJ
KJ_cAcr3T3QwxIPOm_cAXYtTJistpSq4; ppinfo=754560b22e; passport=5|1617891307|1619100907|dHJ1c3Q6MToxfGNsaWVudGlkOjQ6
MjAxN3x1bmlxbmFtZTo1OnlhbmxpfGNydDoxMDoxNjE3ODkxMzA3fHJ1Zm5pY2s6NTp5YW5saXx1c2VyaWQ6NDQ6bzl0Mmx1SWVBeDlaOWhJUGVBbW
```

图 2-44　Headers 参数请求参数信息

当正常请求且没有反爬虫时，显示网页的代码。运行结果如图 2-45 所示。

```
D:\ProgramData\Anaconda3\python.exe D:/PycharmProjects/Weixin_Spider/fan_spider1.py
Crawling https://weixin.sogou.com/weixin?query=%E7%A8%8B%E5%BA%8F%E5%91%98&type=2&page=2
Trying Count 1

<!doctype html>
<html>
<head>
    <link rel="shortcut icon" href="//www.sogou.com/images/logo/new/favicon.ico?v=4" type="image/x-icon">
    <link href="//dlweb.sogoucdn.com/logo/images/2018/apple-touch-icon.png" id="apple-touch-icon" rel="ap
    <link href="//www.sogou.com/sug/css/m3.min.v.7.css" rel="stylesheet" type="text/css">
    <link href="/new/pc/css/weixin-public-new.min.css?v=20190822" rel="stylesheet" type="text/css">

    <meta http-equiv="X-UA-Compatible" content="IE=Edge">
    <meta http-equiv="Content-Type" content="text/html; charset=utf-8">
    <meta http-equiv="Access-Control-Allow-Origin" content="*">
    <meta content="width=device-width,initial-scale=1.0" id="vp" name="viewport">
    <title>程序员的相关微信公众号文章 - 搜狗微信搜索</title>
```

图 2-45　HTML 网页代码

2.3.4　设置代理

如果出现 302 状态码，则证明 IP 被封，需要切换到代理进行重试。步骤如下：

(1) 首先打开控制台，切换到代理池目录下，并运行“python proxyPool.py schedule”和“python proxyPool.py server”，如图 2-46、图 2-47 所示。

```
Microsoft Windows [版本 6.1.7601]
版权所有 (c) 2009 Microsoft Corporation。保留所有权利。

D:\PycharmProjects\proxy_pool-master>python proxyPool.py schedule
```

图 2-46　执行 python proxyPool.py schedule 操作界面

```
Microsoft Windows [版本 6.1.7601]
版权所有 (c) 2009 Microsoft Corporation。保留所有权利。

D:\PycharmProjects\proxy_pool-master>python proxyPool.py server
```

图 2-47　执行 python proxyPool.py server 操作界面

当运行结果分别如图 2-48、图 2-49 所示时，正常启动代理池。

```
2021-04-08 15:43:41,319 fetch.py[line:52] INFO ProxyFetch - freeProxy13: 60.168.
207.179:8888      success
2021-04-08 15:43:41,319 fetch.py[line:52] INFO ProxyFetch - freeProxy13: 42.177.
139.212:9999      success
2021-04-08 15:43:41,320 fetch.py[line:52] INFO ProxyFetch - freeProxy13: 36.56.1
03.241:9999      success
2021-04-08 15:43:41,320 fetch.py[line:52] INFO ProxyFetch - freeProxy13: 58.253.
154.162:9999      success
2021-04-08 15:43:41,320 fetch.py[line:52] INFO ProxyFetch - freeProxy13: 60.174.
191.186:9999      success
2021-04-08 15:43:41,320 fetch.py[line:52] INFO ProxyFetch - freeProxy13: 60.207.
131.29:80        success
2021-04-08 15:43:41,321 fetch.py[line:52] INFO ProxyFetch - freeProxy13: 58.253.
157.76:9999      success
2021-04-08 15:43:41,321 fetch.py[line:52] INFO ProxyFetch - freeProxy13: 60.195.
206.86:80        success
2021-04-08 15:43:41,321 fetch.py[line:52] INFO ProxyFetch - freeProxy13: 58.253.
159.242:9999      success
2021-04-08 15:43:41,322 fetch.py[line:52] INFO ProxyFetch - freeProxy13: 60.168.
81.44:8888        success
```

图 2-48 "python proxyPool.py schedule" 运行结果

```
2021-04-08 15:45:54,474 launcher.py[line:59] INFO ============ DATABASE CONFIGUR
E ===============
2021-04-08 15:45:54,474 launcher.py[line:60] INFO DB_TYPE: REDIS
2021-04-08 15:45:54,475 launcher.py[line:61] INFO DB_HOST: 127.0.0.1
2021-04-08 15:45:54,476 launcher.py[line:62] INFO DB_PORT: 6379
2021-04-08 15:45:54,476 launcher.py[line:63] INFO DB_NAME: 0
2021-04-08 15:45:54,477 launcher.py[line:64] INFO DB_USER:
2021-04-08 15:45:54,477 launcher.py[line:65] INFO ============================
===================
 * Serving Flask app "api.proxyApi" (lazy loading)
 * Environment: production
   Use a production WSGI server instead.
 * Debug mode: off
 * Running on http://127.0.0.1:5010/ (Press CTRL+C to quit)
```

图 2-49 "python proxyPool.py server" 运行结果

(2) 然后，从代理池中的接口获取代理，代码如下：

```python
# 获取代理
def get_proxy():
    return requests.get('http://127.0.0.1:5010/get/').json().get("proxy")


# 删除频繁出错的代理 IP
def delete_proxy(proxy):
    requests.get("http://127.0.0.1:5010/delete/?proxy={}".format(proxy))
```

(3) 最后，通过代理池实现 get_html()访问页面，代码如下：

```python
proxy = None #最开始是不使用代理的
# 使用代理获取 html 源代码
def get_html(url, count=1):
    print('Crawling', url)
    print('Trying Count', count)
    global proxy   # 使用 global 声明全局变量
```

```
        if count >= 5:  # 超过最大尝试次数
            print('Tried Too Many Counts')
            delete_proxy(url)
            return None
    try:
        if proxy:   # 得到有效代理 IP
            # allow_redirects=False  关闭重定向，默认为 True
            response = requests.get(url, allow_redirects=False, headers=headers, proxies=
            {"http": "http://{}".format(proxy)})
        else:
            response = requests.get(url,allow_redirects=False,headers= headers)
        if response.status_code == 200:
            return response.text
        if response.status_code == 302:
            # Need Proxy
            print('302')
            proxy = get_proxy()  # 添加代理
            if proxy:  # 获取代理成功
                print('Using Proxy', proxy)
                return get_html(url)
            else:
                print('Get Proxy Failed')
                return None
    except ConnectionError as e:
        print('Error Occurred', e.args)
        proxy = get_proxy()
        count += 1
        return get_html(url, count)
```

2.3.5　分析详情页内容

　　获得索引页后，请求详情页中的文章超链接，访问链接，分析文章内容页面，得到数据信息：文章名、文章内容。
　　首先，解析索引页，获得网页文章的超链接。

```
    # 使用 PyQuery 解析索引页
    def parse_index(html):
        doc = pq(html)
        items = doc('.news-box .news-list li .txt-box h3 a').items()
```

```
        for item in items:
            yield item.attr('href')


def main():
    for page in range(1, 100):
        html = get_index('程序员', page)
        if html:
            article_urls = parse_index(html)
            for article_url in article_urls:   # 遍历 article_urls
                print("超链接： ", article_url)


if __name__ == '__main__':
    main()
```

其中，".news-box .news-list li .txt-box h3 a" 为页面文章链接，文章内容页面如图 2-50
所示。

图 2-50　文章内容页面

获得文章超链接页面如图 2-51 所示。

网络爬虫项目实践

图 2-51　获得文章超链接页面

在图 2-50 中，可以看到爬取的 sogo 微信文章列表的第一篇文章的超链接和文章页面显示的超链接不同，如图 2-52 所示。

mp.weixin.qq.com/s?src=11&timestamp=1617966026&ver=2998&signature=V5BN8X3C6vDTIoflozOXh0S3PtGXV6NEsctPPt

为何程序员工资高？

原创　半佛仙人　仙人JUMP　2020-10-19

这是仙人JUMP的第263篇原创

图 2-52　文章页面显示链接

这是由于通过 sogo "微信" 网页的超链接跳转到了微信文章页面，此时我们需要获取文章真实的 URL，因为直接访问 sogo "微信" 网页端超链接时，获取的不是我们需要的文章网页代码，如图 2-53 所示。

```
(new Image()).src = 'https://weixin.sogou.com/approveul/d=' + 'bfae571d-b3ef-4b37-9669-c8ee460d878c' + '&token=' +
'C7B6F27C80D2BD6C6267DD0F1396032C625BBEE360702EB5' + '&from=inner';

setTimeout(function () {
    var url = '';
    url += 'http://en.u';
    url += 'eixin.qq.co';
    url += 'm/s?src=11&';
    url += 'timestamp=1';
    url += '617964725&v';
    url += 'er=2998&sig';
    url += 'nature=PXUu';
    url += '4ei1TwjT1q9';
    url += 'gk6e5FIN5Mq';
    url += 'Rx2ly10NUs*';
    url += 'XhCWrfxbI87jg3j7rdOu9PV4BhTupUU*mfVN2vDh6HCm0e*ZwzfL7HvPaqWQmgNnerOYe3yDHe2H83GrqSi1NG4JKHo&new=1';
    url.replace("@", "");
    window.location.replace(url)
},100);
```

图 2-53　爬虫获取文章超链接信息

根据图 2-53 所示，我们发现图中的 URL 信息链接起来就是文章的链接。此时，我们通过 sogo 超链接获取页面代码，利用正则表达式可获取文章真正的 URL。修改方法 parse_index()，代码如下：

```
# 修改 URL，获取网页内容
def get_detail(url):
    html_url = requests.get(url, allow_redirects=True, headers=headers)
    #获取跳转后的 URL
    n_url = "
    parts = re.findall(r'\+\=\ \'.+', html_url.text)
    for i in parts:
        n_url += i[4:-3]
    n_url1 = n_url.replace("@", "")
```

```
        print("超链接：", n_url)
        response = requests.get(n_url1)
        return response .text
```

得到的文章超链接如图 2-54 所示。

```
D:\ProgramData\Anaconda3\python.exe D:/PycharmProjects/Weixin_Spider/fan_spider1.py
Crawling https://weixin.sogou.com/weixin?query=%E7%A8%8B%E5%BA%8F%E5%91%98&type=2&page=1
Trying Count 1
超链接： http://mp.weixin.qq.com/s?src=11&timestamp=1617966918&ver=2998&signature
 =V5BN8X3C6vDTlofIozOXh0S3PtGXV6NEsctPPtbXqS*mVePVlUC-xOpgkv2-hlxdsLnstLJZb7IgQ
 -HPAmwAgATiQteERzOkQ30yBqJeBTn62VCcOwkLqcz7HiDhZnXh&new=1
超链接： http://mp.weixin.qq.com/s?src=11&timestamp=1617966918&ver=2998&signature
 =ZvgHUeBDv0tEwAxuQFPUCGgWS3mbCL4PpKcM5nmIi0IG2v7GJ18Tay9VBJOX8In2AQ8TCKcynoUeAckA
 -wrTYKBFIBYB0P8ieZDaCDMAMAIAcjfSd8E1FV5K8Wi79aWu&new=1
超链接： http://mp.weixin.qq.com/s?src=11&timestamp=1617966918&ver=2998&signature=mSfDDmF4PVwm
 -Bxe-B4TbEN0cVZku2T3TJ12DshfaokawG6z15fCYtb2Z5eIM96re3
 *BHbanPlpuz2UO2Ty90hVlR5zyUGvH8oiOKZutoDHxhH5ej4PdiRDI48odcDWM&new=1
```

图 2-54　文章超链接

获得网页文章的超链接后，再获取文章网页 HTML，并分析文章详情页内容，爬取网页的题目和内容。

```
# 使用 PyQuery 解析网页内容并以字典形式返回爬取信息
def parse_detail(html):
    try:
        doc = pq(html)
        title = doc('.rich_media_title').text()
        content = doc('.rich_media_content').text()
        return {
            'title': title,
            'content': content,
        }
    except XMLSyntaxError:
        return None
```

以上程序运行结果如图 2-55 所示。

```
D:/PycharmProjects/Weixin_Spider/fan_spider1.py
Crawling https://weixin.sogou
 .com/weixin?query=%E7%A8%8B%E5%BA%8F%E5%91%98&type=2&page=1
Trying Count 1
超链接： http://mp.weixin.qq.com/s?src=11&timestamp=1617965615&ver
 =2998&signature=V5BN8X3C6vDTlofIozOXh0S3PtGXV6NEsctPPtbXqS
 *mVePVlUC-xOpgkv2-hlxdCf333fEz0VVzS8Q3P5FOVIi8GPuy0yGVh7tuc
 -IAcpDUZGerC4z5hHM4NFh9URxa&new=1
{'title': '为何程序员工资高？', 'content': '这是仙人JUMP的第263篇原创1
 最近1024快到了，又到了一年一度的程序员节的日子，作为当今最热门的行业之一
 ，关于程序员的讨论总是数也数不清。但不论如何，始终绕不过的都是程序员传说中
 的高工资，各种几十万上百万一年的传说特别耀眼，并且程序员总是给人一种忠厚老
 实不善于交际的感觉，所以在婚恋市场也特别受欢迎。虽然大部分程序员的收入没有
 网上传说的那么夸张，考虑到时薪也没高到哪里去。但是比传统行业拿的更多确实是
```

图 2-55　爬取的文章信息

2.3.6　保存数据信息至 MongoDB

将结构化数据保存到 MongoDB 中，其代码如下：

```
client = pymongo.MongoClient('localhost')
db = client['weixin']
# 存储到 MongoDB
def save_to_mongo(result):
    try:
        if db['weixin_table'].insert(result):
            print('存储到 MongoDB 成功', result)
        except Exception:
            print('存储到 MongoDB 失败', result)
```

任务 2.3 的完整代码如下：

```
import re
from urllib.parse import urlencode
import pymongo
import requests
from lxml.etree import XMLSyntaxError
from requests.exceptions import ConnectionError
from pyquery import PyQuery as pq


base_url = 'https://weixin.sogou.com/weixin?'
proxy = None
client = pymongo.MongoClient('localhost')
db = client['weixin']
headers = {
    'Cookie':'自己的 Cookie',
    'Host': '自己的 Host',
    'Referer': '自己的 Referer',
    'Upgrade-Insecure-Requests': '自己的 Upgrade-Insecure-Requests',
    'User-Agent': '自己的 User-Agent'
}


# 获取代理
def get_proxy():
    return requests.get('http://127.0.0.1:5010/get/').json().get("proxy")
```

```python
# 删除频繁出错的代理 IP
def delete_proxy(proxy):
    requests.get("http://127.0.0.1:5010/delete/?proxy={}".format(proxy))


# 获取索引页
def get_index(keyword, page):
    data = {
        'query': keyword,
        'type': 2,
        'page': page
    }
# 将字典进行编码，将其改成 get 请求参数的样子
    queries = urlencode(data)
    url = base_url + queries
    html_url = get_html(url)
    # print(html_url)
        return html_url


# 使用代理获取 html 源代码
def get_html(url, count=1):
    print('Crawling', url)
    print('Trying Count', count)
    global proxy    # 使用 global 声明全局变量，声明后可在函数内改变 proxy 的值
    if count >= 5:    # 超过最大尝试次数
        print('Tried Too Many Counts')
        delete_proxy(url)
        return None
    try:
        if proxy:    # 得到有效代理 IP
            # allow_redirects=False 关闭重定向，默认为 True
            response = requests.get(url, allow_redirects=False, headers=headers,
                        proxies={"http":"http://{}".format(proxy)})
        else:
            response = requests.get(url, allow_redirects=False,
headers=headers)
        if response.status_code == 200:
            return response.text
```

```
            if response.status_code == 302:
                # Need Proxy
                print('302')    # 302 状态码表示请求网页临时移动到新位置
                proxy = get_proxy()  #  添加代理
                if proxy:   #  获取代理成功
                    print('Using Proxy', proxy)
                    return get_html(url)
                else:
                    print('Get Proxy Failed')
                    return None
        except ConnectionError as e:
            print('Error Occurred', e.args)
            proxy = get_proxy()
            count += 1
            return get_html(url, count)


    # 使用 PyQuery 解析索引页
    def parse_index(html_url):
        doc = pq(html_url)
        items = doc('.news-box .news-list li .txt-box h3 a').items()
        for item in items:
            yield item.attr('href')


    # 获取网页内容
    def get_detail(url):
        url ='https://weixin.sogou.com/'+url
        html_url = requests.get(url, allow_redirects=True, headers=headers)
        # 获取跳转后的 URL
        n_url = ''
        parts = re.findall(r'\+\=\ \'.+', html_url.text)
        for i in parts:
            n_url += i[4:-3]
        n_url1 = n_url.replace("@", "")
        # print("超链接：", n_url1)
        response = requests.get(n_url1)
        return response.text


    # 使用 PyQuery 解析网页内容并以字典形式返回爬取信息
```

```
def parse_detail(html):
    try:
        doc = pq(html)
        title = doc('.rich_media_title').text()
        content = doc('.rich_media_content').text().replace('\n', '')
        return {
            'title': title,
            'content': content,
        }
    except XMLSyntaxError:
        return None


# 存储到 MongoDB
def save_to_mongo(result):
    try:
        if db['weixin_table'].insert(result):
            print('存储到 MongoDB 成功', result)
    except Exception:
        print('存储到 MongoDB 失败', result)


def main():
    for page in range(1, 100):
        html_url = get_index('程序员', page)
        if html_url:
            article_urls = parse_index(html_url)    # 解析索引页 html 获取文章的
article_urls
            for article_url in article_urls:    # 遍历 article_urls
                #   print("超链接：", article_url)
                article_html = get_detail(article_url)    # 获取文章的 html
                # print(article_html)
                if article_html:
                    article_data = parse_detail(article_html)    # 解析文章 html 返回
                                                                 文章信息
                    # print(article_data)    # 输出文章信息
                    if article_data:
                        save_to_mongo(article_data)    # 存储到数据库


if __name__ == '__main__':
```

```
main()
```

 实践训练

完成知乎页面内容的爬取，如图 2-56 所示。要求如下：
(1) 安装项目中所用的库。
(2) 分析知乎网页结构。
(3) 正确设置代理。
(4) 分析提取相关信息。
(5) 保存信息到 MongoDB 中。

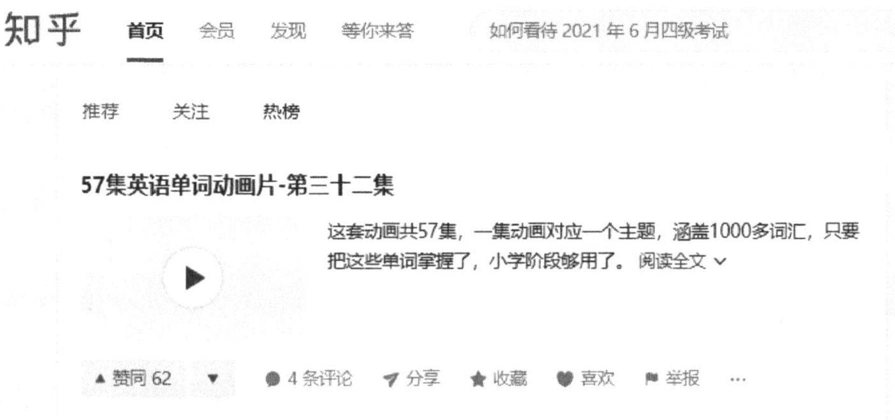

知乎　　**首页**　会员　发现　等你来答　　　如何看待 2021 年 6 月四级考试

推荐　　关注　　**热榜**

57集英语单词动画片-第三十二集

这套动画共57集，一集动画对应一个主题，涵盖1000多词汇，只要把这些单词掌握了，小学阶段够用了。 阅读全文 ∨

▲赞同 62　▼　　● 4 条评论　✈ 分享　★ 收藏　♥ 喜欢　▶ 举报　…

图 2-56　知乎网页

项目三　Scrapy 框架爬虫

项目介绍

Scrapy 是一个适用于爬取网站数据、提取结构性数据的应用程序框架，应用广泛。Scrapy 常应用在包括数据挖掘、信息处理或存储历史数据等一系列的程序中。我们可以很简单地通过 Scrapy 框架实现一个爬虫，抓取指定网站的内容或图片，还可以使用 Twisted 高效异步网络框架来处理网络通信。

本项目分为三个任务：任务 3.1 通过当当网商品的爬取演示如何使用 Scrapy 的基本功能；任务 3.2 通过登录赶集网演示 Scrapy 的模拟登录功能；任务 3.3 通过失信人信息爬取演示 Scrapy 爬取复杂网站的方法。

教学大纲

技能培养目标

- ◎ 掌握使用 Scrapy 创建爬虫项目的方式
- ◎ 掌握 Scrapy 创建爬虫文件命令的使用方法
- ◎ 掌握使用 Scrapy 进行数据爬取的基本方法
- ◎ 掌握使用 Scrapy 模拟登录赶集网的方法
- ◎ 掌握将爬取结果存储到 MySQL 数据库的方法
- ◎ 掌握 AJAX 数据爬取方式

学习重点

- ◎ Scrapy 框架构成
- ◎ Scrapy 的安装
- ◎ Scrapy 爬虫项目生成的基本方式
- ◎ Scrapy 数据持久化处理方式

学习难点

- ◎ Scrapy 框架基本原理
- ◎ Scrapy 中间件的使用

◎ Scrapy 项目中 settings 文件常见配置内容
◎ Scrapy 数据存储的方式

任务 3.1　当当网商品爬取

 任务目标

- 掌握使用 Scrapy 创建爬虫项目的方式
- 掌握 Scrapy 创建命令的使用方法
- 掌握使用 Scrapy 进行数据爬取的基本方法

 任务描述

本任务将以当当网为例，使用 Scrapy 框架对当当网商品页中的商品名称、商品链接和商品评论数进行爬取，当当网商品页如图 3-1 所示。通过本任务的学习，读者可掌握 Scrapy 框架的基本使用方法。

图 3-1　当当网商品

 任务分析

本任务的实施首先需要新建一个名为"dangdang"的 Scrapy 项目，并且创建名为"dd"的爬虫文件；然后在该爬虫文件中编写相关代码爬取商品的名称、商品链接和商品评论数等信息；最后将爬取的数据保存到 MySQL 数据库中。

任务实施

3.1.1 创建 Scrapy 项目

首先进入 cmd 命令窗口，然后进入本地磁盘中的项目保存目录(该目录自己选定)，如图 3-2 所示。

图 3-2 进入项目保存目录

使用 Scrapy 命令新建项目名为"dangdang"的项目，命令如下：

```
scrapy startproject dangdang
```

此时在项目保存目录中多了一个项目名为"dangdang"的项目，如图 3-3 所示。

图 3-3 创建爬虫项目

用 cd 命令进入"dangdang"项目目录，并基于"basic 模板"创建爬虫文件，命令如下：

scrapy genspider -t basic dd dangdang.com

可以看到在项目根目录的 "dangdang" 目录下面的 "spiders" 创建了名为 "dd" 的爬虫文件，如图 3-4 所示。

图 3-4　创建爬虫文件

3.1.2　商品数据爬取

1. 安装 XPath 插件

为了方便后续能够更精确地爬取网页中的数据，本任务将采用 XPath 表达式匹配需要爬取的内容。为了方便书写并且保证 XPath 表达式的正确，可以在浏览器中安装 XPath 插件，本任务以谷歌浏览器为例，进行 XPath 插件安装的演示。步骤如下：

(1) 打开谷歌浏览器，点击右上角的 ":" 图标，选择 "更多工具" 里的 "扩展程序"，如图 3-5 所示。

图 3-5　谷歌浏览器扩展程序

(2) 在弹出的如图 3-6 所示的对话框中点击 "扩展程序"，会弹出如图 3-7 所示弹框，点击 "打开 Chrome 网上应用店" 按钮，进入网上应用店。

图 3-6　谷歌浏览器扩展程序

图 3-7　打开 Chrome 网上应用店

(3) 在右上角的输入框中输入需要安装插件的名称，如图 3-8 所示，搜索扩展程序。

图 3-8　搜索扩展程序

(4) 如图 3-9 所示，在搜索结果中找到 XPath 插件，并将其添加至谷歌浏览器中。

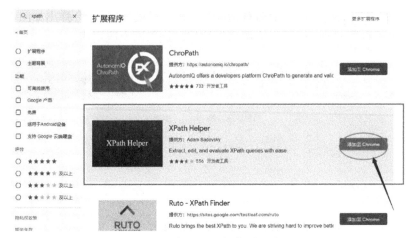

图 3-9　添加 XPath 插件到浏览器

添加成功后，在浏览器的右上角会出现如图 3-10 所示的图表，如果添加之后没有出现图 3-10 所示图标，则重启浏览器。

图 3-10　XPath 插件图标

2. 定义爬取内容

使用 PyCharm 打开刚刚创建好的项目。首先在"items.py"文件中定义需要爬取的内容,本任务需要爬取商品名称"title"、商品链接"link"和商品评论数"comment"三个数据，代码如下：

```
import scrapy
class DangdangItem(scrapy.Item):
    # define the fields for your item here like:
    # name = scrapy.Field()
    title = scrapy.Field()#商品名称
    link =  90crappy.Field()#商品链接
    comment =  90crappy.Field()#商品评论数
```

3. 编写爬虫代码

观察当当网商品页，可以看到商品页的内容不止一页，而是有 79 页，且每一页都有对应的网址，同时网址的变化是有规律的，如图 3-11 所示，当查看第 1 页时，网址为"http://category.dangdang.com/pg1-cid4008154.html"，而查看第 2 页时网址为"http://category.dangdang.com/pg2-cid4008154.html"，以此类推，变化的只是网址中的"pg"后面的数字而已。因此爬虫文件"dd.py"中的"start_urls"应该为第 1 页的网址。

图 3-11   商品页每一页对应的网址

在"dd.py"爬虫文件中编写如下代码：

```
import scrapy
class DdSpider(scrapy.Spider):
    name = "dd"
    allowed_domains = ["dangdang.com"]
    start_urls = ['http://category.dangdang.com/pg1-cid4008154.html']
```

按 F12 查看网址源代码，可以看到商品名称信息和链接是用 a 标签中的"title"和"href"属性表示的，如图 3-12 所示。

图 3-12   商品信息源代码

本任务采用 XPath 表达式匹配需要爬取的内容，为了精准匹配，需要选择 a 标签中属性"name='itemlist-title'"和"ame='sort-evaluate'"辅助进行定位。同时需要

将爬取的内容存放到上一步定义的变量中，所以需要导入 items 里面的 DangdangItem
类，代码如下：

```
#导入 items 里面的 DangdangItem 类
from dangdang.items import DangdangItem
#在 DdSpider 类中定义回调函数
    def parse(self, response):
        item = DangdangItem()
        item["title"] = response.xpath("//a[@name='itemlist-title']/@title").extract()
        item["link"] = response.xpath("//a[@name='itemlist-title']/@href").extract()
        item["comment"] = response.xpath("//a[@name='itemlist-review']/text()").extract()
        print(item["title"])
```

接下来在 cmd 窗口中运行爬虫文件进行测试，代码如下：

```
scrapy crawl dd --nolog
```

运行结果如图 3-13 所示。

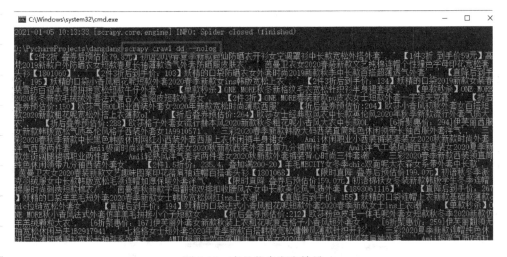

图 3-13　商品信息爬取结果

3.1.3　商品数据处理

经过上一小节的操作，我们已经爬取了商品的三个信息。但是在 Scrapy 项目中，
数据的爬取是通过一个文件来实现的，而爬取后的数据又是交给另外一个文件
"pipelines.py" 进行处理的，因此在 "dd.py" 文件中需要使用 "yield" 进行数据返
回，代码如下：

```
yield item
```

Scrapy 默认是不开启 pipelines 的，需要在 "settings.py" 文件中进行开启，找到
pipelines 的设置代码，解除注释即可，如图 3-14 所示。

```
# Configure item pipelines
# See https://docs.scrapy.org/en/latest/topics/item-pipeline.html
#ITEM_PIPELINES = {
#     'dangdang.pipelines.DangdangPipeline': 300,
#}
# Configure item pipelines
# See https://docs.scrapy.org/en/latest/topics/item-pipeline.html
ITEM_PIPELINES = {
    'dangdang.pipelines.DangdangPipeline': 300,
}
```

图 3-14　解除 pipelines 的设置代码注释

开启 pipelines 后，在"pipelines.py"文件中可以编写相关代码处理爬取的数据。本任务将数据保存在 MySQL 数据库中，因此需要引入第三方库 pymysql。在插入数据之前需要在数据库中创建名为"dd"的数据库，并且创建包含 id(int)、title(varchar(50))、link(varchar(50))、comment(varchar(50))四个字段的表 goods。数据存储的具体代码如下：

```
import pymysql

class DangdangPipeline(object):
    def process_item(self, item, spider):
        # 连接 database
        conn = pymysql.connect(host="localhost", user="root", password="root",
database="dd")
        # 得到一个可以执行 SQL 语句的光标对象
        cursor = conn.cursor()
        for i in range(0, len(item["title"])):
            title = item["title"][i]
            link = item["link"][i]
            comment = item["comment"][i]
            sql = "insert into goods(title,link,comment) values('" + title + "','" + link +
"','" + comment + "');"
            try:
                # 执行 SQL 语句
                cursor.execute(sql)
                # 提交事务
                conn.commit()
            except Exception as err:
                pass
                # print(err)
        cursor.close()
```

```
            conn.close()
            return item
```

上面代码中值得注意的一点是，执行 cursor.execute(sql)和 conn.commit()两个语句需要加上异常处理，如果不加可能会报错并提前终止代码运行。

接下来还需要实现翻页功能，之前已经分析过，要实现翻页只需要改变链接中"pg"后面的数字即可，因此在"dd.py"文件中可以采用 for 循环继续爬取数据。因为第 1 页的数据已经爬取了，所以现在在 for 循环中从第 2 页开始爬取，到第 79 页结束。爬取数据采用 Scrapy 中的 request 方法，所以需要导入相关包，回调还是采用上一步定义的回调函数，具体代码如下：

```
from scrapy.http import Request
for i in range(2,80):
    url='http://category.dangdang.com/pg'+str(i)+'-cid4008154.html'
    yield Request(url,callback=self.parse)
```

以上程序运行结果如图 3-15 所示。

	id	title	link	comment
1	265	【1件1折 到手价59元】高梵2019新款户外防晒衣女短款春夏长袖潮款透气外套防	http://product.dangdang.com/1440425839.html	50条评论
2	266	【2件2折到手价，99】妖精的口袋2019新款防晒衣女外套时尚2019新款秋季中长款百搭显	http://product.dangdang.com/1519562404.html	5条评论
3	267	【直降后到手价，133】春装2019新款女装春装雪纺百褶半身裙拼接宽松短裙	http://product.dangdang.com/1519560794.html	3条评论
4	268	【单款秒杀】ONE MORE秋冬新格纹毛衣宽松针织衫半身裙套装	http://product.dangdang.com/1546467552.html	42条评论
5	269	【单款秒杀】ONE MORE2020秋冬新款毛绒绒外套法式复古人造羊皮短款外套女	http://product.dangdang.com/1549494102.html	15条评论
6	270	【2件1折】ONE MORE春装新款pu皮衣女士短款外套一字领夹克露	http://product.dangdang.com/1529309192.html	21条评论
7	271	【折后叠券预估价:150】欧莎气质OL职业西装外套女2020年新款宽松时尚潮款西	http://product.dangdang.com/1603624393.html	61条评论
8	272	【折后叠券预估价:204】欧莎小香风初秋外套女百搭短款2020新款粗花呢宽松外	http://product.dangdang.com/1532734243.html	33条评论
9	273	【折后叠券预估价:264】欧莎女士经典款风衣中长款英伦2020年秋季新款流行外	http://product.dangdang.com/1587208653.html	23条评论
10	274	【折后叠券预估价:288】欧莎格子外套女流行赫本风2020新款秋冬粗花呢小香风大	http://product.dangdang.com/1551227723.html	11条评论
11	275	伊芙丽西服女新款裤版宽松气质英伦风格子西装外套女1A9910571	http://product.dangdang.com/1580206223.html	60条评论
12	276	【1.9折开抢! 折后价131元】三彩2020春季新款韩版大码黑装直筒纯色休闲绵带长袖	http://product.dangdang.com/1619570920.html	90条评论
13	277	Amii休闲职业小西装领装羊装外套女2020秋款新款时尚外套洋气西服两件	http://product.dangdang.com/1609398037.html	963条评论
14	278	Amii银菌时尚洋气西装套装女2020秋冬款式雪纺套装扇面九分镶两件	http://product.dangdang.com/1609389257.html	211条评论
15	279	Amii洋气工装风潮西装套装女2020夏季新款作市绳腿绳裤职业两件套	http://product.dangdang.com/1611415267.html	100条评论
16	280	Amii轻熟风洋气套装两件套女2020秋款新款翻领背心时尚三件套潮	http://product.dangdang.com/1609399847.html	96条评论
17	281	【1.9折开抢! 折后价197元】三彩2020春季新款西装领直筒纯色休闲卿带九分袖四	http://product.dangdang.com/1637311720.html	331条评论
18	282	【2件2.5折折价,372.3】羊毛MECITY女冬季chic双面呢大衣森女系季外套中长款	http://product.dangdang.com/1264253809.html	224条评论
19	283	苗曼卫衣女2020春装新款文艺趣味图案印花搭肩袖连帽百搭卫衣T	http://product.dangdang.com/1678870825.html	280条评论

图 3-15 运行结果

 实践训练

在本任务的基础上，爬取如图 3-16 所示商品的价格信息和折扣信息。

图 3-16 商品价格和折扣信息

任务 3.2　登 录 赶 集 网

　任务目标

· 使用 Scrapy 模拟登录赶集网
· 对隐藏式验证码进行获取
· 获取赶集网验证码并保存

　任务描述

在进行爬虫时，除了常见的不用登录就能爬取的网站外，还有一类需要先登录的网站，比如豆瓣、知乎，以及上一节中的当当网。登录这一类网站又可以分为只需输入账号密码、除了账号密码还需输入或点击验证码等类型。本任务将以赶集网为例，介绍如何使用 Scrapy 框架实现通过输入账号、密码和验证码完成用户登录。赶集网登录页面如图 3-17 所示。

图 3-17　赶集网登录页面

　任务实施

3.2.1　创建爬虫项目

(1) 首先进入 cmd 命令窗口，然后进入本地磁盘中的项目保存目录(该目录自己选定)，如图 3-18 所示。

图 3-18　进入项目保存目录

(2) 使用 Scrapy 命令新建项目名为"login"的项目，命令如下：

> scrapy startproject login

此时在项目保存目录中多了一个项目名为"login"的项目，如图 3-19 所示。

图 3-19　创建爬虫项目

(3) 用 cd 命令进入"login"项目目录，并基于"basic 模板"创建爬虫文件，命令如下：

> scrapy genspider -t basic ganji ganji.com

运行结果如图 3-20 所示，可以看到在项目根目录的"login"目录下面的"spiders"中创建了名为"ganji.py"的爬虫文件。

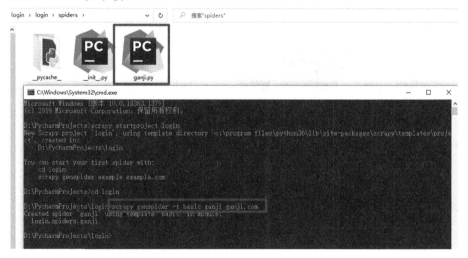

图 3-20　创建爬虫文件

创建好爬虫项目后，用 PyCharm 打开，然后进入到配置文件"settings.py"中，
选择不遵守 Robot 协议：

```
# 设置不遵守 ROBOTSTXT 协议
ROBOTSTXT_OBEY = False
```

设置浏览器配置，可以选择浏览器的具体配置如下：

```
# 浏览器的配置
USER_AGENT = ' Mozilla/5.0 (Windows NT 10.0; Win64; x64) AppleWebKit/537.36
(KHTML, like Gecko) Chrome/88.0.4324.190 Safari/537.36'
```

3.2.2　获取表单 HashCode

如图 3-17 所示，刚进入赶集网的登录页面还没有进行登录操作的时候，是不显示登录验证码的。当你输入的用户名或者密码错误的时候，页面中将多出一个验证码和验证码输入框，如图 3-21 所示。

图 3-21　赶集网登录页面验证码

通过浏览器的抓包工具进行抓包，点击以字符串"login.php"开头的链接，然后在"Headers"标签下可以查看登录的 Form 表单数据，如图 3-22 所示，其中键名"_hash_"的值是随机产生的，这个值在编写代码时需要从网页中获取。

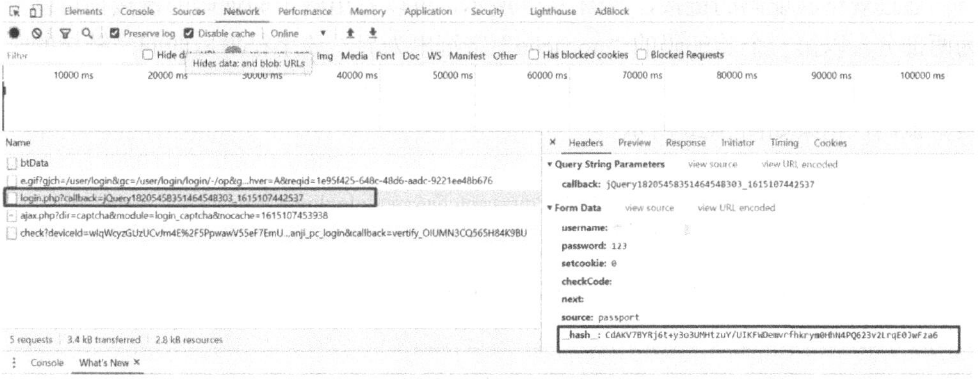

图 3-22　登录页面的 Form 数据

查看网页源代码，通过搜索"_hash_"，可以在网页中找到图 3-22 所示的"_hash_"
键对应的值，如图 3-23 所示，整个页面中只有一个，所以我们可以用正则表达式
"_hash_":"(.+)" 获取。

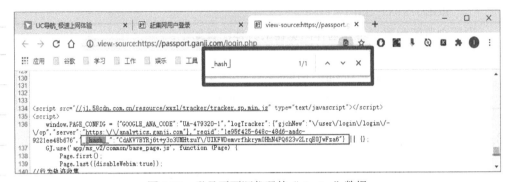

图 3-23　登录页面源代码的"_hash_"数据

3.2.3　获取验证码

　　通过定位元素，可以得到验证码的 XPath 表达式为"//label[@class="label-imgcode"]
/img[@class="login-img-checkcode"]/@src"。

　　如图 3-24 所示，通过上面 XPath 表达式获得的验证码地址是两个。这是因为在
页面中有"账号密码登录"和"手机验证码登录"两种登录方式，所以存在两个验
证码，使用该 XPath 表达式是无法正确获取验证码的。

图 3-24　验证码的 XPath

　　通过观察验证码的链接，如图 3-25 所示，可以看出两个验证码的链接都可以分
为两部分。以第一个验证码的"nocache"字符串为界，该字符串后面的是链接的时
间戳，字符串前面的才是验证码的链接。将前半部分复制到浏览器中，同样可以获
得验证码，结果如图 3-26 所示。

> https://passport.ganji.com/ajax.php?dir=captcha&module=login_captcha&nocache=16151
> 07453938
> https://passport.ganji.com/ajax.php?dir=captcha&module=checkcode&tag=phone&nocache=
> 1615107442

图 3-25　验证码链接

图 3-26　验证码

通过以上分析可知，获取验证码不需要使用 XPath 表达式，而是直接使用固定链接 "https://passport.ganji.com/ajax.php?dir=captcha&module=login_captcha" 即可。

3.2.4　编写代码

赶集网登录页面的网址为 "https://passport.ganji.com/login.php"。在项目 "spiders" 目录下面的 "ganji.py" 文件中编写代码如下：

```python
class GanjiSpider(scrapy.Spider):
    name = 'ganji'
    allowed_domains = ['ganji.com']
    start_urls = ['https://passport.ganji.com/login.php']

    def parse(self, response):
        hash_code = re.findall(r'"__hash__":"(.+)"', response.text)[0]
        img_url = 'https://passport.ganji.com/ajax.php?dir=captcha&module=login_captcha'
        yield scrapy.Request(img_url, callback=self.parse_info, meta={'hash_code': hash_code})
```

上面的代码通过正则表达式获取表单 HashCode，然后采用固定链接获取验证码，最后发送请求获取图片，回调函数为 "parse_info"，并将 HashCode 的值传到函数 "parse_info" 中。

在 "ganji.py" 文件中创建 "parse_info" 函数，具体代码如下：

```python
def parse_info(self, response):
    hash_code = response.request.meta['hash_code']
    with open('yzm.jpg', 'wb') as f:
```

```
                    f.write(response.body)

            code = input("请输入验证码：")
            form_data = {
                "username": "lijiantiansheng",
                "password": "abc123456",
                "setcookie": "0",
                "checkCode": code,
                "next": "/",
                "source": "passport",
                "__hash__": hash_code
            }
            login_url = 'https://passport.ganji.com/login.php'
            yield              scrapy.FormRequest(login_url,              callback=self.after_login,
formdata=form_data)
```

　　上面的代码将获取到的验证码图片直接保存在项目根目录，然后通过手动输入的方式存入字典变量"form_data"。"form_data"变量就是模拟登录时需要提交的表单数据，表单中需要哪些字段可以参见图 3-22。此处需要强调的是，在实际开发中通常采用 OCR 图像识别获取验证码，因为本任务主要讲解如何使用 Scrapy 框架进行模拟登录，所以采用简单的手动输入法。

　　在发送登录请求的时候使用函数 Scrapy 的 FormRequest 函数，该函数自带formdata，专门用来设置表单字段数据，即填写账号、密码，实现登录，默认 method也是 post。因此只需要将构建好的字典"form_data"作为参数传到 FormRequest 函数中即可。

　　回调函数为"after_login"，具体代码如下：

```
            def after_login(self, response):
                print(response.text)
```

　　使用"scrapy crawl ganji"运行程序，验证码会自动存储到项目根目录中，如图3-27 所示。然后手动输入验证码，如图 3-28 所示，按回车键即可成功运行程序，出现如图 3-29 所示的结果，并且不报错，说明登录成功。

图 3-27　下载后的验证码

图 3-28　手动输入验证码

图 3-29　程序运行结果

 实践训练

图 3-30 为飞卢小说网的登录页面，"https://u.faloo.com/regist/login.aspx"为其登录界面网址，从图中可以看出在刚刚访问登录网址的时候是没有验证码的，但当在用户名的输入框中输入用户名后，就会出现验证码，如图 3-31 所示，请使用 Scrapy框架完成飞卢小说网的模拟登录。

图 3-30　飞卢小说网登录页面

用户登录

图 3-31　飞卢小说网登录验证码

任务 3.3　失信人信息爬取

 任务目标

- 爬取百度失信人名单
- 将名单信息保存到 MySQL 数据库中
- 实现随机 User-Agent 下载器中间件
- 实现代理 IP 下载器中间件

 任务描述

图 3-32 所示为百度失信人名单，本任务是爬取失信人名称、失信人号码、法人 (企业)、年龄(企业的年龄为 0)、区域、失信内容、公布日期、公布执行单位、创建日期和更新日期等信息，并将爬取的数据统一存储到 MySQL 数据库中以供后续分析使用。

图 3-32 百度失信人名单

 任务实施

3.3.1 创建爬虫项目

首先进入 cmd 命令窗口，然后进入本地磁盘中的项目保存目录(该目录自己选定)，如图 3-33 所示。

图 3-33 进入项目保存目录

使用 Scrapy 命令新建项目名为"dishonest"的项目，命令如下：

```
scrapy startproject dishonest
```

此时在项目保存目录中多了一个项目名为"dishonest"的项目，如图 3-34 所示。

图 3-34 创建爬虫项目

3.3.2 定义数据模型

在"items.py"文件中定义数据模型类 DishonestItem，继承 scrapy.Item，然后定义要爬取的字段：失信人名称、失信人号码、失信人年龄、区域、法人(企业)、失信内容、公布日期、公布/执行单位、创建日期、更新日期。

上述内容的实现代码如下：

```
class DishonestItem(scrapy.Item):
    # define the fields for your item here like:
    # 姓名/获取企业名称
    name = scrapy.Field()
    # 证件号
    card_num = scrapy.Field()
    # 年龄
    age = scrapy.Field()
    # 区域
    area = scrapy.Field()
    # 失信内容
    content = scrapy.Field()
    # 法人
    business_entity = scrapy.Field()
    # 公布单位/执行单位
    publish_unit = scrapy.Field()
    # 公布日期/宣判日期
    publish_date = scrapy.Field()
    # 更新日期, 创建日期
    create_date = scrapy.Field()
    # 更新日期
    update_date = scrapy.Field()
```

3.3.3 爬取失信人名单

1. 设置默认请求头

打开百度，搜索关键词"失信人"，然后打开开发人员工具，点击翻页按钮，可以得到如图 3-35 所示的失信人名单 URL。

图 3-35　失信人名单 URL

拷贝 URL 到浏览器中，发现请求不成功。通过测试，发现需要给请求添加 User-Agent 和 Referer 两个请求头。使用 PyCharm 打开上一步新建的项目文件，在"settings.py"文件中，设置如下请求头：

```
DEFAULT_REQUEST_HEADERS = {
        'Referer': 'https://www.baidu.com/s',
        'User-Agent': 'Mozilla/5.0 (Macintosh; Intel Mac OS X 10_14_1) AppleWebKit/
537.36 (KHTML, like Gecko) Chrome/70.0.3538.110 Safari/537.36'
    }
```

2. 创建爬虫文件

使用 cd 命令进入"dishonest"项目目录，并基于"basic 模板"创建爬虫文件，命令如下：

```
scrapy genspider -t basic baidu baidu.com
```

可以看到在项目根目录的"dishonest"目录下面的"spiders"创建了名为"baidu"的爬虫文件，如图 3-36 所示。

查看

电脑 › 本地磁盘 (D:) › PycharmProjects › dishonest › dishonest › spiders

图 3-36　创建爬虫文件

在"settings.py"文件中，关闭 Robots 协议，其结果如图 3-37 所示。

```
# Obey robots.txt rules
ROBOTSTXT_OBEY = False
```

图 3-37　关闭 robots 协议

3. 设置起始 URL

根据图 3-35 所示可得请求地址如下：

> https://sp1.baidu.com/8aQDcjqpAAV3otqbppnN2DJv/api.php?resource_id=6899&query=%E5%A4%B1%E4%BF%A1%E4%BA%BA&pn=10&rn=10&from_mid=1&ie=utf-8&oe=utf-8&format=json&t=1629533759089&cb=jQuery11020859892984746842_1629533609307&_=1629533609308

通过对 URL 参数的分析可知，请求的 URL 必须有如下参数：

(1) resource_id=6899：资源 id，固定值。

(3) query=失信人名单：查询内容，固定值。

(3) pn=0：数据起始号码。

(4) rn=10：固定值为 10。

(5) ie=utf-8&oe=utf-8：指定数据的编码方式，固定值。

(6) format=json：数据格式，固定值。

因此可以确定起始 URL 为

> https://sp1.baidu.com/8aQDcjqpAAV3otqbppnN2DJv/api.php?resource_id=6899&query=失信人&pn=0&rn=10&ie=utf-8&oe=utf-8

4. 爬取所有页面数据

点击"Preview"，展开 JSON 格式的数据，如图 3-38 所示，可以看出，请求返回数据的格式也是 JSON 类型的，而且其中有几个参数和翻页相关，具体如下：

(1) dispNUM：总的数据条数。

(2) listNUM：总页数。

(3) resNUM：每页数据条数。

图 3-38 请求返回数据

根据上一步分析 URL 可知，只需要改变 URL 中的参数"pn"即可爬取不同页面的数据，如图 3-39 所示，当访问第 2 页时，请求的 URL 中参数 pn=10，以此类推。

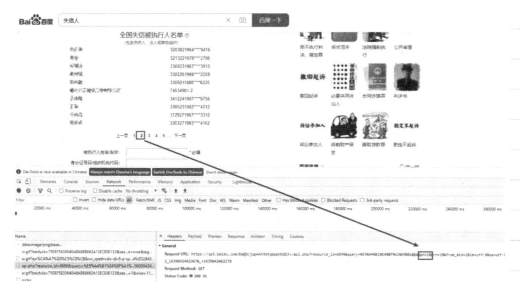

图 3-39 翻页关键参数

实现翻页首先需要先获取总的数据条数"dispNUM"，然后每隔 10 条数据，构建一个请求，具体代码如下：

```python
    def parse(self, response):
        # 构建所有页面请求
        # 把响应内容的 JSON 字符串转为字典
        results = json.loads(response.text)
        # 取出总数据条数
        disp_num = jsonpath(results, '$..dispNum')[0]
        print(disp_num)
        # URL 模板
        url_pattern = 'https://sp1.baidu.com/8aQDcjqpAAV3otqbppnN2DJv/api.php?resource_id=6899&query=失信人&pn={}&rn=10&ie=utf-8&oe=utf-8'
        # 每隔 10 条数据，构建一个请求
        for pn in range(0, disp_num, 10):
            # 构建 URL
            url = url_pattern.format(pn)
            # 创建请求，交给引擎
            yield scrapy.Request(url, callback=self.parse_data)
```

最后，将创建好的请求交给引擎，回调函数为"parse_data"，用于提取数据。

5. 提取数据

新建函数"parse_data"，使用下列代码打印返回的数据：

```python
    def parse_data(self, response):
        """解析数据"""
        # 响应数据
        datas = json.loads(response.text)
        print(datas)
```

打印的数据如图3-40所示，可以看出，数据是通过JSON格式存储的，key为"result"。

图 3-40　请求返回的数据对应的 key

为了获取数据，需要导入第三方包"jsonpath"，jsonpath 是 XPath 在 Json 的应用，可以通过 XPath 的方式获取 JSON 数据，具体代码如下：

```
results = jsonpath(datas, '$..result')[0]
# print(results)
# 遍历结果列表
for result in results:
    item = DishonestItem()
    #  失信人名称
    item['name'] = result['iname']
    # 失信人号码
    item['card_num'] = result['cardNum']
    # 失信人年龄
    item['age'] = int(result['age'])
    # 区域
    item['area'] = result['areaName']
    # 法人(企业)
    item['business_entity'] = result['businessEntity']
    # 失信内容
    item['content'] = result['duty']
    # 公布日期
    item['publish_date'] = result['publishDate']
    # 公布/执行单位
    item['publish_unit'] = result['courtName']
    # 创建日期
    item['create_date'] = datetime.now().strftime('%Y-%m-%d %H:%M:%S')
    # 更新日期
    item['update_date'] = datetime.now().strftime('%Y-%m-%d %H:%M:%S')
    # print(item)
    #把数据交给引擎
    yield item
```

在 3.3.2 节中我们已经定义好数据模型，因此本步骤中获取的数据可以直接交给引擎。

3.3.4　保存失信人名单信息

保存失信人名单信息步骤如下：

第一步：在 MySQL 中创建数据库，代码如下：

```
-- 创建数据库
create database dishonest;
```

第二步：创建表，代码如下：

```
-- 创建表
create table dishonest(
dishonest_id INT NOT NULL AUTO_INCREMENT, -- id 主键
age INT NOT NULL, -- 年龄, 自然人年龄都是>0 的, 企业的年龄等于 0
name VARCHAR(200) NOT NULL,    -- 失信人名称
card_num VARCHAR(50) , -- 失信人号码
area VARCHAR(50) NOT NULL, -- 区域
content VARCHAR(2000) NOT NULL, -- 失信内容
business_entity VARCHAR(20), -- 法人(企业)
publish_unit VARCHAR(200),    -- 公布单位
publish_date VARCHAR(20),    -- 公布日期
create_date DATETIME, -- 创建日期
update_date DATETIME, -- 更新日期
PRIMARY KEY (dishonest_id)
);
```

第三步：在"settings.py"文件中配置数据库信息，代码如下：

```
# 配置 MYSQL
# MYSQL 的主机 IP 地址
MYSQL_HOST = ' localhost '
# MYSQL 端口号
MYSQL_PORT = 3306
# MYSQL 用户名
MYSQL_USER = 'root'
# MYSQL 密码
MYSQL_PASSWORD = 'root'
# MYSQL 数据库名
MYSQL_DB = 'dishonest'
```

第四步：在"pipelines.py"文件中的 DishonestPipeline 类中新建 open_spider 方法，用于建立数据库连接，获取操作数据的 cursor，具体代码如下：

```
def open_spider(self, spider):
    """
    1. 在 open_spider 中, 建立数据库连接, 获取操作数据的 cursor
    """
    # 建立数据库连接
```

```
self.connection = pymysql.connect(host=MYSQL_HOST, port=MYSQL_PORT,
db=MYSQL_DB, user=MYSQL_USER, password=MYSQL_PASSWORD)
    # 获取操作数据的 cursor
    self.cursor = self.connection.cursor()
```

上面代码需要用到一个第三方包"pymysql"和第三步在"settings.py"文件中配置的数据库信息，因此需要一开始时导入，具体代码如下：

```
import pymysql
from dishonest.settings import MYSQL_HOST, MYSQL_PORT, MYSQL_DB,
MYSQL_USER, MYSQL_PASSWORD
```

第五步：新建 close_spider 方法并关闭 cursor、数据库连接，具体代码如下。

```
def close_spider(self, spider):
    """
    在 close_spider 中, 关闭 cursor、关闭数据库连接
    """
    # 1. 关闭 cursor
    self.cursor.close()
    # 2. 关闭数据库连接
    self.connection.close()
```

第六步：新建 process_item 方法，如果数据不存在，则保存数据。保存数据时，可以根据年龄判断是企业还是自然人，如果年龄为 0 就是企业，否则就是自然人。如果是自然人，根据证件号判断是否存在，如果是企业/组织，则根据企业名称和区域进行判断，具体代码如下：

```
def process_item(self, item, spider):

        if item['age'] == 0:
            # 如果是企业, 根据企业名称和区域进行判断是否重复
            select_count_sql = "SELECT COUNT(1) from dishonest WHERE name =
'{}' and area = '{}'".\
                format(item['name'], item['area'])
        else:

            # 否则就是自然人
            select_count_sql = "SELECT COUNT(1) from dishonest WHERE
card_num = '{}'".format(item['card_num'])

        # 执行查询 SQL 语句
        self.cursor.execute(select_count_sql)
```

```
                    # 获取查询结果
                    count = self.cursor.fetchone()[0]

                    if count == 0:
                        keys, values = zip(*dict(item).items())
                        # 如果没有数据，就插入数据
                        insert_sql = 'INSERT INTO dishonest ({}) VALUES ({})'.format(
                            ','.join(keys),
                            ','.join(['%s'] * len(values))
                        )
                        # 执行 SQL
                        self.cursor.execute(insert_sql, values)
                        # 提交事务
                        self.connection.commit()
                        spider.logger.info('插入数据')
                    else:
                        # 否则就重复了
                        spider.logger.info('数据重复')

                    return item
```

3.3.5　下载器中间件

1. 实现随机 User-Agent 下载器中间件

第一步：准备 User-Agent 列表。在"settings.py"文件中，准备请求头列表，具体代码如下：

```
#    1. 准备 User-Agent 列表
# 准备请求头
USER_AGENTS = [
"Mozilla/4.0 (compatible; MSIE 6.0; Windows NT 5.1; SV1; AcooBrowser; .NET CLR
1.1.4322; .NET CLR 2.0.50727)",
"Mozilla/4.0 (compatible; MSIE 7.0; Windows NT 6.0; Acoo Browser; SLCC1; .NET CLR
2.0.50727; Media Center PC 5.0; .NET CLR 3.0.04506)",
"Mozilla/4.0 (compatible; MSIE 7.0; AOL 9.5; AOLBuild 4337.35; Windows NT
5.1; .NET CLR 1.1.4322; .NET CLR 2.0.50727)",
"Mozilla/5.0 (Windows; U; MSIE 9.0; Windows NT 9.0; en-US)",
"Mozilla/5.0 (compatible; MSIE 9.0; Windows NT 6.1; Win64; x64; Trident/5.0; .NET
```

CLR 3.5.30729; .NET CLR 3.0.30729; .NET CLR 2.0.50727; Media Center PC 6.0)",

"Mozilla/5.0 (compatible; MSIE 8.0; Windows NT 6.0; Trident/4.0; WOW64; Trident/4.0; SLCC2; .NET CLR 2.0.50727; .NET CLR 3.5.30729; .NET CLR 3.0.30729; .NET CLR 1.0.3705; .NET CLR 1.1.4322)",

"Mozilla/4.0 (compatible; MSIE 7.0b; Windows NT 5.2; .NET CLR 1.1.4322; .NET CLR 2.0.50727; InfoPath.2; .NET CLR 3.0.04506.30)",

"Mozilla/5.0 (Windows; U; Windows NT 5.1; zh-CN) AppleWebKit/523.15 (KHTML, like Gecko, Safari/419.3) Arora/0.3 (Change: 287 c9dfb30)",

"Mozilla/5.0 (X11; U; Linux; en-US) AppleWebKit/527+ (KHTML, like Gecko, Safari/419.3) Arora/0.6",

"Mozilla/5.0 (Windows; U; Windows NT 5.1; en-US; rv:1.8.1.2pre) Gecko/20070215 K-Ninja/2.1.1",

"Mozilla/5.0 (Windows; U; Windows NT 5.1; zh-CN; rv:1.9) Gecko/20080705 Firefox/3.0 Kapiko/3.0",

"Mozilla/5.0 (X11; Linux i686; U;) Gecko/20070322 Kazehakase/0.4.5",

"Mozilla/5.0 (X11; U; Linux i686; en-US; rv:1.9.0.8) Gecko Fedora/1.9.0.8-1.fc10 Kazehakase/0.5.6",

"Mozilla/5.0 (Windows NT 6.1; WOW64) AppleWebKit/535.11 (KHTML, like Gecko) Chrome/17.0.963.56 Safari/535.11",

"Mozilla/5.0 (Macintosh; Intel Mac OS X 10_7_3) AppleWebKit/535.20 (KHTML, like Gecko) Chrome/19.0.1036.7 Safari/535.20",

"Opera/9.80 (Macintosh; Intel Mac OS X 10.6.8; U; fr) Presto/2.9.168 Version/11.52",

"Mozilla/5.0 (Windows NT 6.1; WOW64) AppleWebKit/536.11 (KHTML, like Gecko) Chrome/20.0.1132.11 TaoBrowser/2.0 Safari/536.11",

"Mozilla/5.0 (Windows NT 6.1; WOW64) AppleWebKit/537.1 (KHTML, like Gecko) Chrome/21.0.1180.71 Safari/537.1 LBBROWSER",

"Mozilla/5.0 (compatible; MSIE 9.0; Windows NT 6.1; WOW64; Trident/5.0; SLCC2; .NET CLR 2.0.50727; .NET CLR 3.5.30729; .NET CLR 3.0.30729; Media Center PC 6.0; .NET4.0C; .NET4.0E; LBBROWSER)",

"Mozilla/4.0 (compatible; MSIE 6.0; Windows NT 5.1; SV1; QQDownload 732; .NET4.0C; .NET4.0E; LBBROWSER)",

"Mozilla/5.0 (Windows NT 6.1; WOW64) AppleWebKit/535.11 (KHTML, like Gecko) Chrome/17.0.963.84 Safari/535.11 LBBROWSER",

"Mozilla/4.0 (compatible; MSIE 7.0; Windows NT 6.1; WOW64; Trident/5.0; SLCC2; .NET CLR 2.0.50727; .NET CLR 3.5.30729; .NET CLR 3.0.30729; Media Center PC 6.0; .NET4.0C; .NET4.0E)",

```
"Mozilla/5.0 (compatible; MSIE 9.0; Windows NT 6.1; WOW64; Trident/5.0;
SLCC2; .NET CLR 2.0.50727; .NET CLR 3.5.30729; .NET CLR 3.0.30729; Media Center
PC 6.0; .NET4.0C; .NET4.0E; QQBrowser/7.0.3698.400)",
"Mozilla/4.0 (compatible; MSIE 6.0; Windows NT 5.1; SV1; QQDownload
732; .NET4.0C; .NET4.0E)",
"Mozilla/4.0 (compatible; MSIE 7.0; Windows NT 5.1; Trident/4.0; SV1; QQDownload
732; .NET4.0C; .NET4.0E; 360SE)",
"Mozilla/4.0 (compatible; MSIE 6.0; Windows NT 5.1; SV1; QQDownload
732; .NET4.0C; .NET4.0E)",
"Mozilla/4.0 (compatible; MSIE 7.0; Windows NT 6.1; WOW64; Trident/5.0;
SLCC2; .NET CLR 2.0.50727; .NET CLR 3.5.30729; .NET CLR 3.0.30729; Media Center
PC 6.0; .NET4.0C; .NET4.0E)",
"Mozilla/5.0 (Windows NT 5.1) AppleWebKit/537.1 (KHTML, like Gecko)
Chrome/21.0.1180.89 Safari/537.1",
"Mozilla/5.0 (Windows NT 6.1; WOW64) AppleWebKit/537.1 (KHTML, like Gecko)
Chrome/21.0.1180.89 Safari/537.1",
"Mozilla/5.0 (iPad; U; CPU OS 4_2_1 like Mac OS X; zh-cn) AppleWebKit/533.17.9
(KHTML, like Gecko) Version/5.0.2 Mobile/8C148 Safari/6533.18.5",
"Mozilla/5.0 (Windows NT 6.1; Win64; x64; rv:2.0b13pre) Gecko/20110307
Firefox/4.0b13pre",
"Mozilla/5.0 (X11; Ubuntu; Linux x86_64; rv:16.0) Gecko/20100101 Firefox/16.0",
"Mozilla/5.0 (Windows NT 6.1; WOW64) AppleWebKit/537.11 (KHTML, like Gecko)
Chrome/23.0.1271.64 Safari/537.11",
"Mozilla/5.0 (X11; U; Linux x86_64; zh-CN; rv:1.9.2.10) Gecko/20100922 Ubuntu/10.10
(maverick) Firefox/3.6.10"
]
```

第二步：在"middlewares.py"文件中，定义 RandomUserAgent 类。

第三步：在 RandomUserAgent 类中定义 process_request 方法，用于随机获取上一步准备的请求头，具体代码如下：

```
class RandomUserAgent(object):

    def process_request(self, request, spider):
        # 如果 spider 是公示系统爬虫，就直接跳过
        if isinstance(spider, GsxtSpider):
            return None
```

```
# 3. 实现 process_request 方法, 设置随机的 User-Agent
request.headers['User-Agent'] = random.choice(USER_AGENTS)

return None
```

2. 实现代理 IP 下载器中间件

第一步：在"middlewares.py"文件中，定义 ProxyMiddleware 类。

第二步：在 ProxyMiddleware 类定义 process_request 方法，设置代理 IP，具体代码如下：

```
class ProxyMiddleware(object):

    def process_request(self, request, spider):
        # 实现 process_request 方法, 设置代理 IP

        # 1. 获取协议头
        protocol = request.url.split('://')[0]
        # 2. 构建代理 IP 请求的 URL
        proxy_url = 'http://localhost:5000/random?protocol={}'.format(protocol)
        # 3. 发送请求, 获取代理 IP
        response = requests.get(proxy_url)
        # 4. 把代理 IP 设置给 request.meta['proxy']
        request.meta['proxy'] = response.content.decode()

        return None
```

注意： IP 请求的 URL 需要根据自己本地实际搭建的 IP 代理池地址自行更换。

3. 开启中间件

在"settings.py"中开启中间件，并设置重试次数，如图 3-41 所示。

```
# 在settings.py中开启, 并配置重试次数
DOWNLOADER_MIDDLEWARES = {
    'dishonest.middlewares.ProxyMiddleware': 500,
    'dishonest.middlewares.RandomUserAgent': 543,
}
# 并配置重试次数
RETRY_TIMES = 5
```

图 3-41　开启中间件并设置重复次数

实践训练

图 3-42 为孔夫子旧书网的图书分类,请使用 Scrapy 框架爬取孔夫子旧书网的所有图书。

图 3-42　孔夫子旧书网

项目四 分布式爬虫

项目介绍

默认情况下，我们使用 Scrapy 框架进行爬虫时使用的是单机爬虫，就是说它只能在一台电脑上运行，因为爬虫调度器当中的 queue 队列和 set 集合都只能在本机上创建，故其他电脑无法访问另外一台电脑上的内存和内容。分布式爬虫实现了多台电脑使用一个共同的爬虫程序，它可以同时将爬虫任务部署到多台电脑上运行，这样可以提高爬虫速度，实现分布式爬虫。

想要保证多台机器共用一个 queue 队列和 set 集合，在 Scrapy 框架中，是需要结合 Scrapy-Redis 完成的。分布式爬虫可以让所有机器上的爬虫程序，从同一个 queue 队列中获取 request 请求，并且每个机器取出 request 请求的对象是不一样的，直到所有的 request 被请求完毕。

本项目分为三个任务，任务 4.1 介绍分布式环境搭建，任务 4.2 和任务 4.3 通过两个项目介绍三种 Scrapy-Redis 运行方式。

教学大纲

技能培养目标

◎ 掌握 VMware 虚拟机的安装方法

◎ 掌握 CentOS 的安装和配置方法

◎ 掌握在 CentOS 中安装 Python 的方法

◎ 掌握在 CentOS 中安装、部署 Scrapy 的方法

◎ 掌握在 CentOS 中安装、部署 Scrapy-Redis 的方法

◎ 掌握克隆虚拟机的方法

◎ 掌握在 Windows 中安装 Redis 数据库的方法

◎ 掌握 Scrapy-Redis 的编码方式

主要实训技能

◎ VMware 虚拟机的安装

◎ CentOS 的安装和配置

◎ 在 CentOS 中安装 Python

◎ 在 CentOS 中安装、部署 Scrapy

◎ 在 CentOS 中安装、部署 Scrapy-Redis

◎ 克隆虚拟机

◎ 在 Windows 中安装 Redis 数据库

◎ Scrapy-Redis 的运行方式

学习重点

◎ 在 CentOS 中安装 Python

◎ 在 CentOS 上安装、部署 Scrapy

◎ 在 CentOS 中安装、部署 Scrapy-Redis

◎ 在 Windows 中安装 Redis 数据库

◎ Scrapy-Redis 的运行方式

学习难点

◎ 在 CentOS 上安装 Python

◎ Scrapy-Redis 的运行方式

任务 4.1　环 境 搭 建

 任务目标

• 掌握 VMware 虚拟机的安装方法

• 掌握 CentOS 的安装和配置方法

• 掌握在 CentOS 中安装 Python 的方法

• 掌握在 CentOS 中安装、部署 Scrapy 的方法

• 掌握在 CentOS 中安装、部署 Scrapy-Redis 的方法

• 掌握克隆虚拟机的方法

• 掌握在 Windows 中安装 Redis 数据库的方法

 任务描述

(1) 使用三台机器，一台安装 Windows 10 操作系统，另外两台安装 CentOS7 操作系统，分别在两台安装 CentOS7 操作系统的机器上部署 Scrapy 来进行分布式抓取

一个网站。

(2) 安装 Windows 操作系统的机器的 IP 地址为本机 IP(用于远程连接 Redis)，用来作为 Redis 的 Master 端，安装 CentOS 操作系统的机器作为 Slave 端。

(3) Master 端的爬虫运行时会把提取到的 URL 封装成 request 放到 Redis 中的数据库"dmoz:requests"中，并且从该数据库中提取 request 后下载网页，再把网页的内容存放到 Redis 的另一个数据库"dmoz:items"中。

(4) Slave 端从 Master 端的 Redis 中取出待抓取的 request，下载完网页之后就把网页的内容发送回 Master 端的 Redis。

(5) 重复上面的(3)和(4)，直到 Master 端的 Redis 中的"dmoz:requests"数据库为空，再把 Master 端的 Redis 中的"dmoz:items"数据库写入到 MongoDB 中。

(6) Master 端的 Reids 还有一个数据"dmoz:dupefilter"是用来存储抓取过的 URL 的指纹(使用哈希函数将 URL 运算后的结果)以防止重复抓取的。

 任务实施

4.1.1　安装 VMware 虚拟机

安装 VMware 虚拟机步骤如下：

(1) 从官网上下载 VMware Workstation Pro15。

① 官网下载地址为"https://my.vmware.com/en/web/vmware/info/slug/ desktop_end_user_computing/vmware_workstation_pro/15_0"。

② 进入官网下载页面，如图 4-1 所示，选择合适的版本下载。

图 4-1　虚拟机官网下载页面

(2) 双击安装程序进入安装向导(如图 4-2 所示)，点击"下一步"按钮(如图 4-3 所示)。

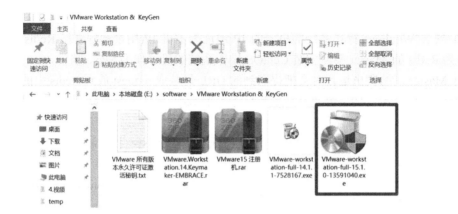

图 4-2　VMware 安装包

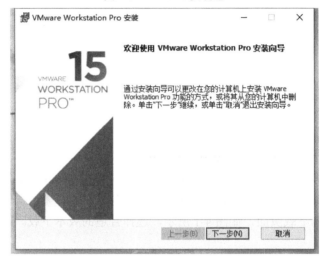

图 4-3　VMware 安装向导

(3) 选择许可协议：勾选"我接受许可协议中的条款(A)"选项，点击"下一步"按钮，如图 4-4 所示。

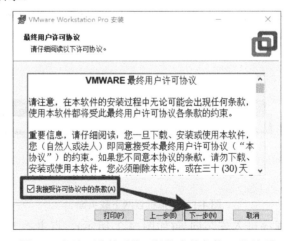

图 4-4　勾选"我接受许可协议中的条款(A)"选项

(4) 设置安装位置。若要更改安装路径，则点击"更改"按钮，如图 4-5 所示。
图 4-6 是更改了安装路径后的界面。设置完安装路径后，点击"确定"→"下一步"
按钮。若要默认安装路径，则直接点击图 4-5 的"下一步"按钮。

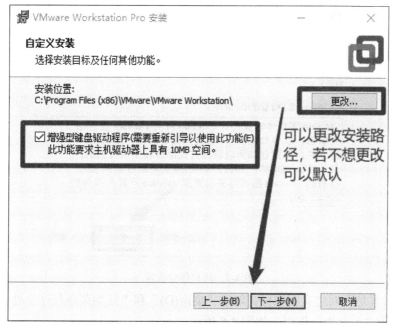

图 4-5　选择安装路径

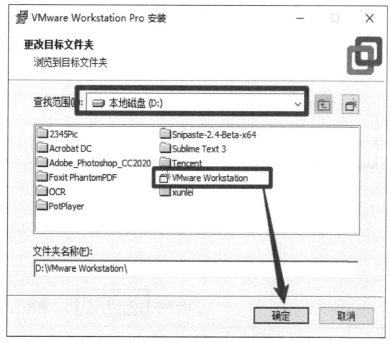

图 4-6　选择安装路径后的界面

(5) 设置用户体验。勾选"启动时检查产品更新(C)"和"加入 VMware 客户体验提升计划(J)"复选框,点击"下一步"按钮,如图 4-7 所示。

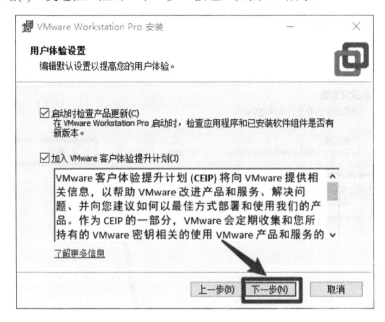

图 4-7　用户体验设置

(6) 设置是否创建桌面图标。勾选"桌面(D)"和"开始菜单程序文件夹(S)"复选框,点击"下一步"按钮,如图 4-8 所示。

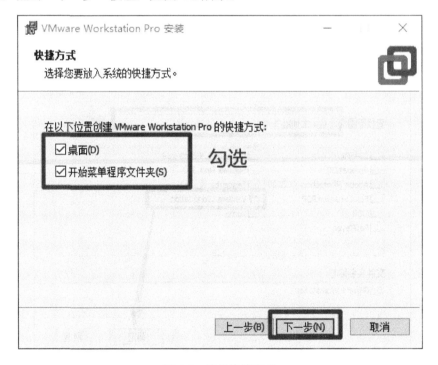

图 4-8　选择快捷方式

(7) 至此基本设置配置完成,点击"安装"按钮进入安装状态,如图 4-9 所示。

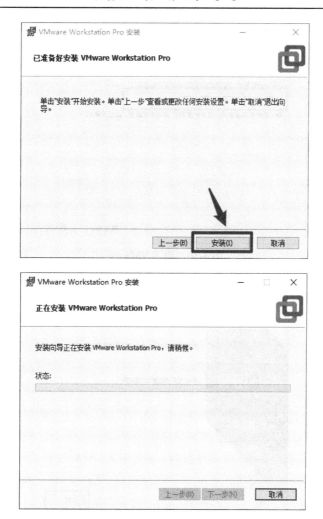

图4-9 安装状态

(8) 等待安装结束，点击"许可证(L)"选项，在弹出的对话框中输入许可证密钥，如图4-10所示，然后点击"输入(E)"按钮。

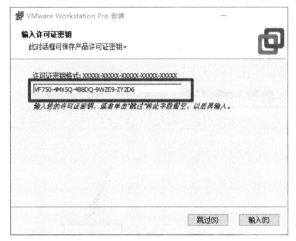

图 4-10　激活 VMware

(9) 输入密钥后，会显示软件已经安装完成，如图 4-11 所示，点击"完成(F)"按钮，完成安装。

图 4-11　完成安装

(10) 然后会出现如图 4-12 所示的提示窗口，点击"是(Y)"按钮，重启电脑即可全部完成安装。

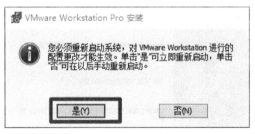

图 4-12　重启系统

4.1.2　安装 Linux

Linux 的安装步骤如下：

(1) 打开 VMware，点击"创建新的虚拟机"图标，如图 4-13 所示。

图 4-13　创建新的虚拟机

(2) 选择"自定义(高级)(C)"选项，并点击"下一步(N)"按钮，如图 4-14 所示。

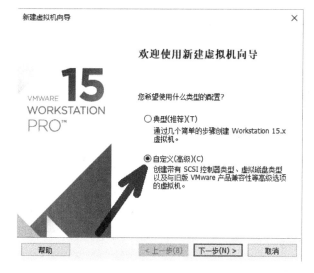

图 4-14　选择"自定义(高级)(C)"选项

(3) 选择虚拟机硬件兼容性，并点击"下一步(N)"按钮，如图 4-15 所示。

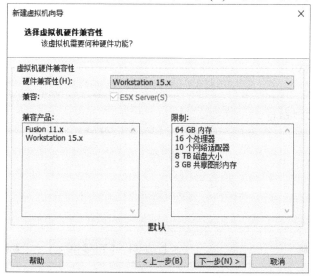

图 4-15　选择虚拟机兼容性

(4) 选择"稍后安装操作系统(S)"选项，并点击"下一步(N)"按钮，如图 4-16

所示。

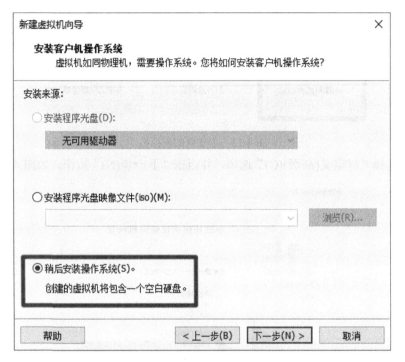

图 4-16　选择"稍后安装操作系统(S)"选项

(5) 选择操作系统版本，并点击"下一步(N)"按钮，如图 4-17 所示。

图 4-17　选择操作系统版本

(6) 命名虚拟机，可选择任意保存路径，并点击"下一步(N)"按钮，如图 4-18

所示。

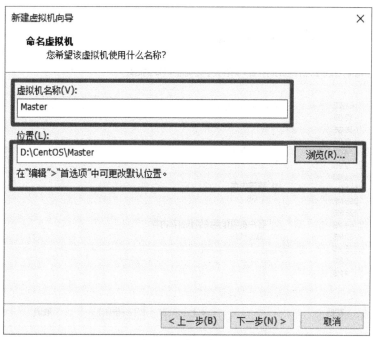

图 4-18 命名虚拟机

(7) 配置处理器，并点击"下一步(N)"按钮，如图 4-19 所示。

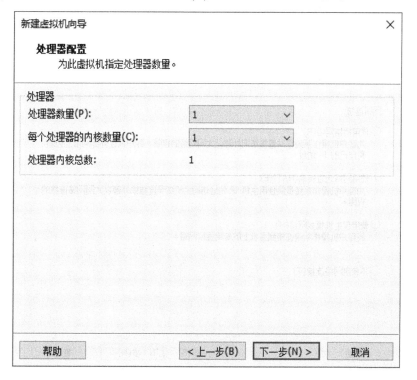

图 4-19 配置处理器

(8) 设置虚拟机内存大小，并点击"下一步(N)"按钮，如图 4-20 所示。

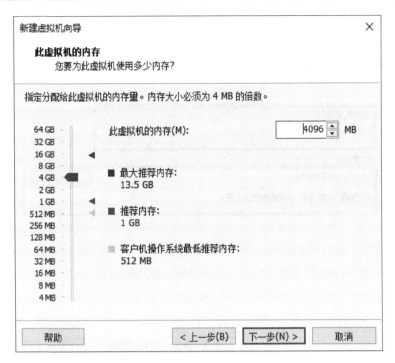

图 4-20　设置虚拟机内存大小

(9) 选择"使用网络地址转换(NAT)(E)"选项，并点击"下一步(N)"按钮，如图 4-21 所示。

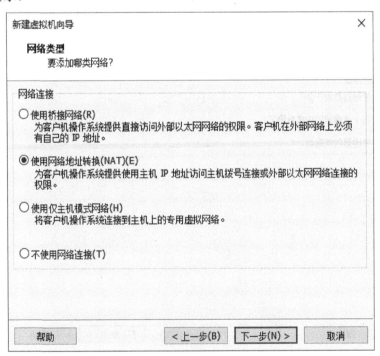

图 4-21　选择"使用网络地址转换(NAT)(E)"选项

(10) 选择"LSI Logic(L)"选项，并点击"下一步(N)"按钮，如图 4-22 所示。

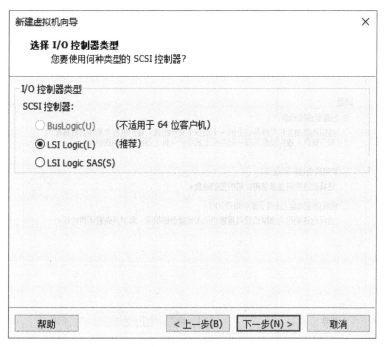

图 4-22　选择"LSI Logic(L)"选项

(11) 选择"SCSI(S)"选项，并点击"下一步(N)"按钮，如图 4-23 所示。

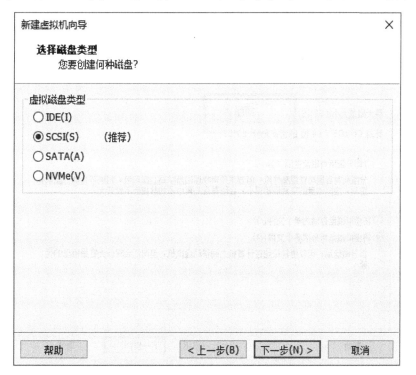

图 4-23　选择"SCSI(S)"选项

(12) 选择"创建新虚拟机磁盘(V)"选项，并点击"下一步(N)"按钮，如图 4-24

所示。

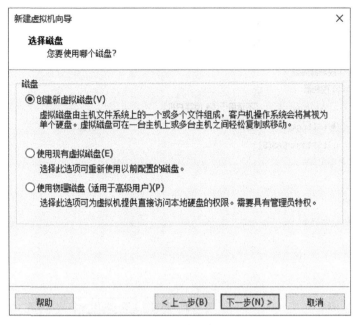

图 4-24　选择"创建新虚拟机磁盘(V)"选项

(13) 设置磁盘容量，选择"将虚拟磁盘拆分成多个文件(M)"选项，并点击"下一步(N)"按钮，如图 4-25 所示。

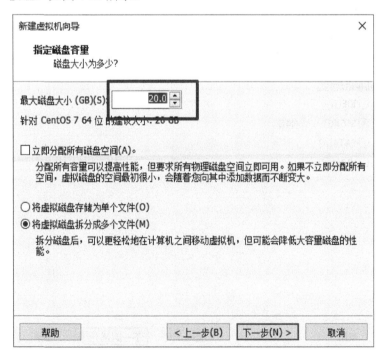

图 4-25　设置磁盘容量

(14) 指定磁盘文件，并点击"下一步(N)"按钮，如图 4-26 所示。

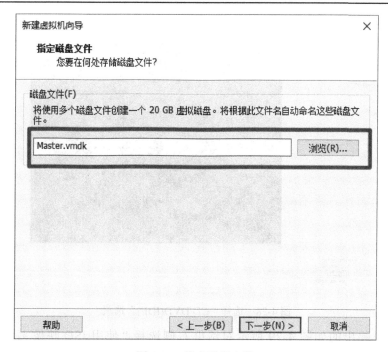

图 4-26　指定磁盘文件

(15) 点击"完成"按钮，如图 4-27 所示，完成安装。

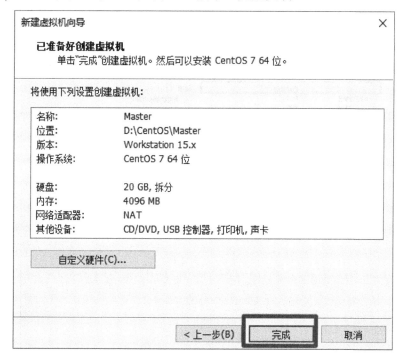

图 4-27　完成虚拟机安装

(16) 选择"CD/DVD(IDE)"选项，如图 4-28 所示。

图 4-28　选择 "CD/DVD(IDE)" 选项

(17) 在弹出的如图 4-29 所示对话框右侧选择 "使用 ISO 映像文件(M)" 选项，然后点击 "浏览(B)" 按钮，选择操作系统的镜像文件 ISO，并点击 "确定" 按钮。

图 4-29　选择 Centos7 镜像文件

(18) 点击如图 4-30 所示的下三角形列表标志后，启动虚拟机。

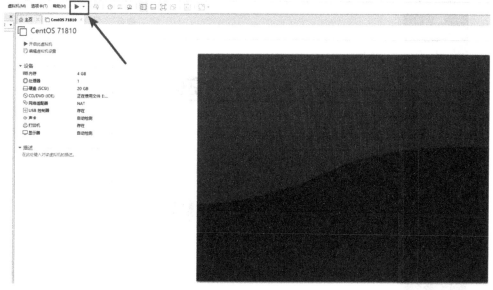

图 4-30 启动虚拟机

(19) 启动虚拟机后，进入设置系统语言界面，如图 4-31 所示，选择输入法为"中文"下面的"简体中文(中国)"，然后点击"继续(C)"按钮。

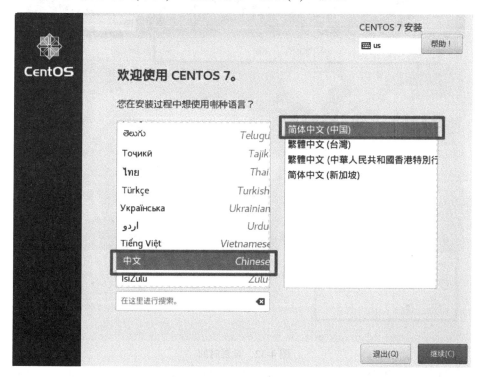

图 4-31 设置系统语言

(20) 设置时间。点击"日期和时间(T)"图标，将地区设置为"亚洲""上海"，调整时间使其和 Windows 时间一致，如图 4-32 所示。

图 4-32　设置时间

(21) 设置"键盘(K)"和"语言支持(L)"。"键盘(K)"默认是汉语键盘，也可以添加其他键盘，此处采用默认；"语言支持(L)"默认采用上一步选择的语言，也可以添加其他语言支持，此处采用"简体中文(中国)"。

(22) 设置安装源。点击"安装源(I)"图标，在弹出的界面中可以看到"自动检测到的安装介质(A)"选项，因为已经默认勾选，因此不需要设置，直接点击"完成"按钮即可，如图 4-33 所示。

图 4-33 设置安装源

(23) 设置软件安装方式。CentOS7 默认安装方式为"最小安装",点击"软件选择(S)"图标,在弹出的对话框中,选择"GNOME 桌面"选项,并把右侧"已选环境的附加选项"下面的所有选项都勾选上,如图 4-34 所示。

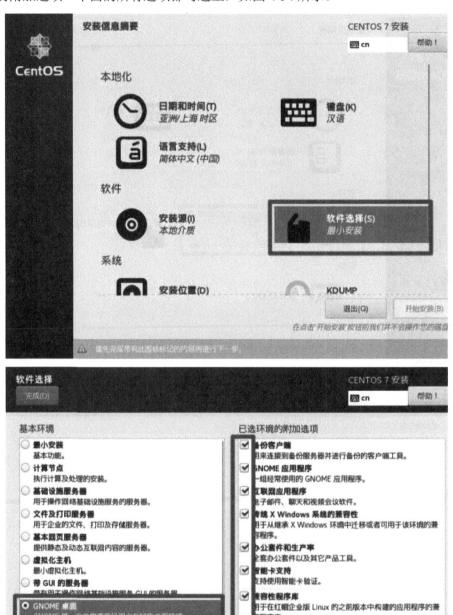

图 4-34　选择软件安装方式

(24) 设置安装位置。设置安装位置就是设置系统的磁盘分区，点击"安装位置(D)"图标，在弹出的对话框中可以看到"自动配置分区(U)"已经默认选中，如有特殊需求可以自定义分区，本任务此处选择"自动配置分区(U)"即可，如图 4-35所示。

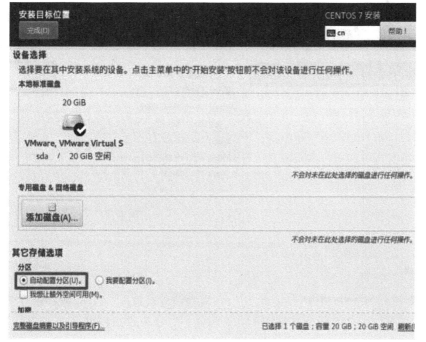

图 4-35　选择安装位置

(25) 设置网络。默认网络是未连接的，点击"网络和主机名(N)"图标，在弹出的对话框中点击如图 4-36 所示按钮打开网络。

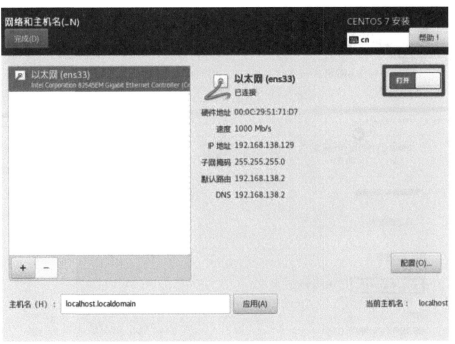

图 4-36　设置网络

打开网络后只是此次启动系统会连接网络，如果想每次启动系统都会自动联网，
则需要点击"配置(O)"选项，在弹出的对话框中选择"常规"选项，然后勾选"可
用时自动链接到这个网络(A)"选项，如图 4-37 所示。

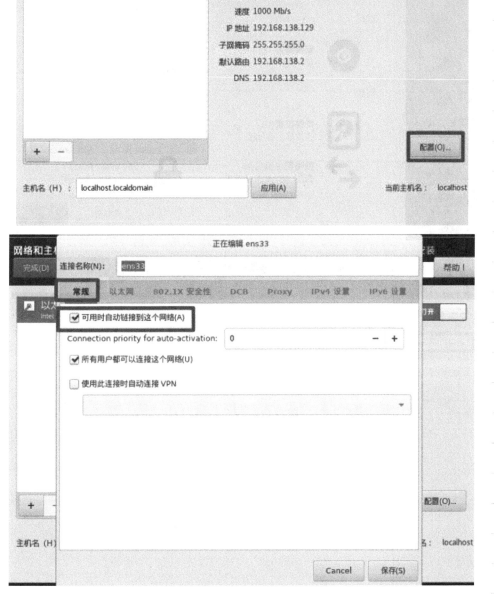

图 4-37　设置自动链接网络

（26）设置 KDUMP。KDUMP 是一个内核崩溃转储机制。在系统崩溃的时候，KDUMP 将捕获系统信息，这对于诊断崩溃的原因非常有用。注意，KDUMP 需要预留一部分系统内存，且这部分内存对其他用户是不可用的。默认选择"启用 KDUMP(E)"选项，如图 4-38 所示。

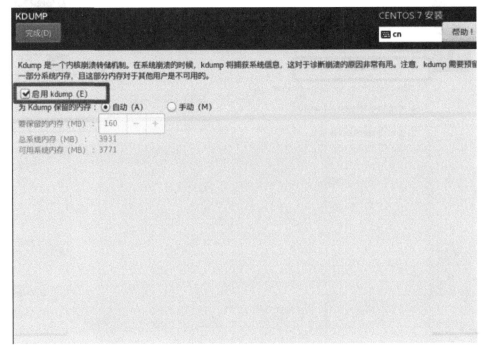

图 4-38　设置 KDUMP

(27) 设置安全策略。点击"SECURITY POLICY"图标，然后采用默认设置，点击"完成"按钮即可，如图 4-39 所示。

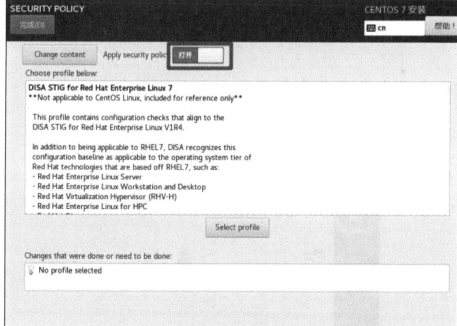

图 4-39 选择安装策略

(28) 开始安装系统。完成以上设置，点击"开始安装(B)"按钮安装系统。

(29) 设置 ROOT 用户密码。ROOT 用户密码默认是没有设置的，点击"ROOT 密码"图标，在弹出的对话框中设置 ROOT 用户密码，如图 4-40 所示，除了设置 ROOT 用户密码外，不创建其他用户。

图 4-40　设置 ROOT 用户密码

(30) 重启。完成安装后，点击"重启"按钮重启系统，如图 4-41 所示。

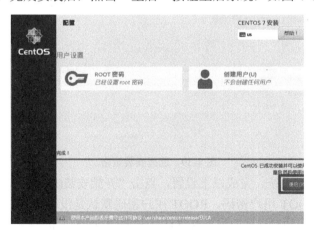

图 4-41　重启

(31) 初始设置。重启后会弹出一个初始设置界面，点击初始设置界面中的
"LICENSING"，如图 4-42 所示，然后在弹出的对话框中勾选"我同意许可协议(A)"
选项，如图 4-43 所示。

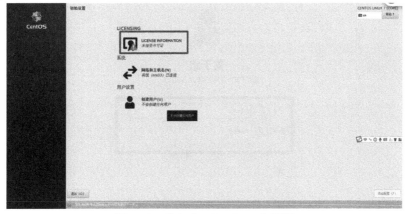

图 4-42 点击"LICENSING"图标

图 4-43 勾选"我同意许可协议(A)"选项

(32) 完成初始设置后，点击"完成配置(F)"，出现欢迎页面，如图 4-44 所示。

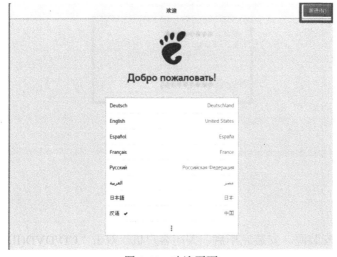

图 4-44 欢迎页面

(33) 点击"前进(N)"按钮，出现如图 4-45 所示的设置用户名界面。

图 4-45　设置用户名

(34) 设置用户名和密码。当前进到欢迎页面时需要创建一个用户并为该用户设置密码，本任务将用户名设置为"Master"。密码设置界面如图 4-46 所示。

图 4-46　设置密码

(35) 卸载安装源。安装完毕后，关闭客户机，双击"CD/DVD(IDE)"进入"虚拟机设置"，如图 4-47 所示。

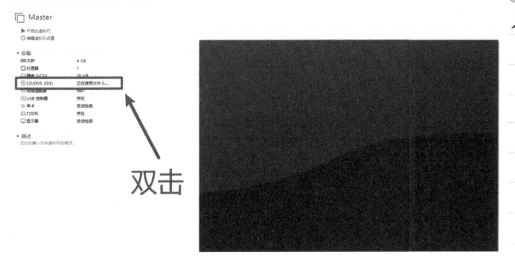

图 4-47 进入虚拟机设置

(36) 最后在弹出的对话框中点击"CD/DVD(IDE)"选项,将连接方式改为"使用物理驱动器(P)",如图 4-48 所示。

图 4-48 卸载安装源

4.1.3 虚拟机网络设置

虚拟机的网络设置步骤如下:

(1) 修改为静态 IP:使用 root 用户登录 Master 虚拟机,修改 Master 的 IP 地址为静态 IP。

① 进入网络配置文件，命令如下：

> [root@localhost ~]# vim /etc/sysconfig/network-scripts/ifcfg-ens33

② 将虚拟机 IP 设置为静态 IP，具体设置内容如图 4-49 所示。

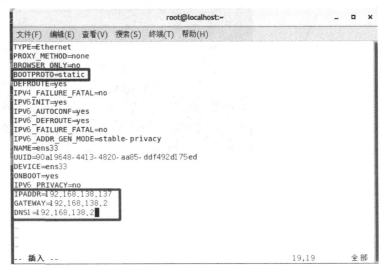

图 4-49　设置静态 IP

(2) 修改 Linux 的服务器名。

① 进入 Linux 的服务器名配置文件，命令如下：

> [root@localhost ~]# vim /etc/sysconfig/network

② 将 Linux 的服务器名设置为"Master"，具体设置选项如图 4-50 所示：

图 4-50　设置服务器名

(3) 修改主机名。

① 进入主机名配置文件，命令如下：

> [root@localhost ~]# vim /etc/hostname

② 将主机名设置为"Master"，具体设置选项如图 4-51 所示。

图 4-51 设置主机名

(4) 完成以上设置后，重启虚拟机。

(5) 重启后，使用 Xshell 连接 Master 虚拟机，点击"文件"→"新建(N)"按钮，弹出的界面如图 4-52 所示。在"名称(N)"中填入"Master"，"主机(H)"中填入虚拟机 IP 地址"192.168.138.137"，然后点击"连接"按钮。

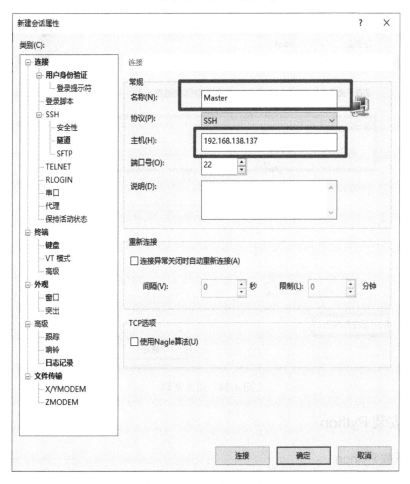

图 4-52 新建会话属性

(6) 本任务采用 root 用户登录，在弹出的"请输入登录的用户名(E)"对话框中填入"root"，并勾选"记住用户名(R)"选项，如图 4-53 所示，点击"确定"按钮。

图 4-53　填入用户名

(7) 在弹出的"SSH 用户身份验证"对话框中填入 root 用户的密码，然后勾选"记住密码(R)"选项，如图 4-54 所示。

图 4-54　填入密码

4.1.4　安装 Python

1. 下载 Python

(1) 下载地址为"https://www.python.org/downloads/source/"。

(2) 选择相应的版本下载，本任务选择 Python3.6.8，如图 4-55 所示。

- Python 3.7.2 - Dec. 24, 2018
  - **Download** Gzipped source tarball
  - **Download** XZ compressed source tarball
- Python 3.6.8 - Dec. 24, 2018
  - **Download** Gzipped source tarball
  - **Download** XZ compressed source tarball
- Python 3.7.1 - Oct. 20, 2018
  - **Download** Gzipped source tarball
  - **Download** XZ compressed source tarball
- Python 3.6.7 - Oct. 20, 2018
  - **Download** Gzipped source tarball
  - **Download** XZ compressed source tarball

- Python 3.8.0rc1 - Oct. 1, 2019
  - **Download** Gzipped source tarball
  - **Download** XZ compressed source tarball
- Python 3.5.8rc1 - Sept. 9, 2019
  - **Download** Gzipped source tarball
  - **Download** XZ compressed source tarball
- Python 3.8.0b4 - Aug. 29, 2019
  - **Download** Gzipped source tarball
  - **Download** XZ compressed source tarball
- Python 3.8.0b3 - July 29, 2019
  - **Download** Gzipped source tarball
  - **Download** XZ compressed source tarball

图 4-55 选择下载 Python 版本

2. 在 CentOS 中解压

(1) 在 CentOS 中的 opt 目录下面新建"software"和"module"两个文件夹，具体目录如下：

```
[root@Master ~]# mkdir /opt/software
[root@Master ~]# mkdir /opt/module
```

(2) 将上一步下载好的 Python 安装包上传到 CentOS 系统的"/opt/software"目录下，打开 xftp 工具，进入"/opt/software"目录，然后将安装包拖入即可，如图 4-56 所示。

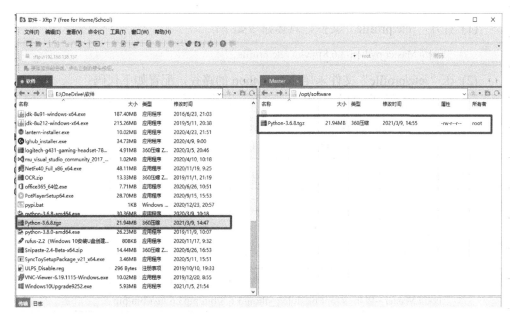

图 4-56 上传安装包到 CentOS

(3) 将压缩包解压到"/opt/module"中，具体命令如下：

```
[root@Master software]# tar -zxvf Python-3.6.8.tgz
```

3. 安装编译环境

Python 的安装需要 GCC 编译器，GCC 有些系统版本已经默认安装，通过 "gcc --version" 查看，如果没安装 GCC 编译器，则先安装 GCC，可以通过如下命令安装：

```
[root@Master software]# yum -y install gcc
```

4. 安装依赖包

(1) 安装 zlib，具体安装命令如下：

```
[root@Master software]# yum -y install zlib*
```

安装命令最后要加上 "*"，因为要安装 zlib 有关的所有模块。

(2) 安装 openssl，具体安装命令如下：

```
[root@Master software]# yum -y install openssl*
```

同样安装命令最后要加上 "*"，因为要安装 zlib 有关的所有模块。

5. 安装 Python

(1) 编译 Python，具体命令如下：

```
[root@Master Python-3.6.8]# ./configure --prefix=/opt/module/python-3.6.8 --enable-
optimizations
```

(2) 安装 Python，具体命令如下：

```
[root@Master Python-3.6.8]# make install
```

6. 配置环境变量

(1) 打开 "/etc/profile" 文件，具体命令如下：

```
[root@Master python-3.6.8]# vim /etc/profile
```

(2) 在 "/etc/profile" 文件末尾添加 Python 的路径，配置如下代码：

```
#Python Home
export PYTHON_HOME=/opt/module/python-3.6.8
export PATH=$PATH:PYTHON_HOME/bin
```

(3) 让修改后的文件生效，具体命令如下：

```
[root@Master python-3.6.8]# source /etc/profile
```

7. 建立软连接

建立软连接的具体代码如下：

```
[root@Master ~]# ln -s /opt/module/python-3.6.8/bin/python3.6 /usr/bin/python
[root@Master ~]# ln -s /opt/module/python-3.6.8/bin/pip3.6 /usr/bin/pip
```

8. 测试安装是否成功

测试是否安装成功，直接输入命令 "python"，如果出现如图 4-57 所示的界面，则表示 Python 安装成功。

```
        [root@Master ~]# python
```

```
[root@Master ~]# python
Python 3.6.8 (default, Mar  9 2021, 15:24:57)
[GCC 4.8.5 20150623 (Red Hat 4.8.5-44)] on linux
Type "help", "copyright", "credits" or "license" for more information.
>>>
```

图 4-57　Python 安装成功的界面

4.1.5　安装分布式框架

安装分布式框架的操作步骤如下：

(1) 安装 Scrapy：输入如下命令，若出现如图 4-58 所示的界面，则表示安装成功。由于网络问题，可能需要重复运行多次安装命令才能安装成功。

```
        [root@Master module]# pip install scrapy
```

```
...,
Using legacy 'setup.py install' for protego, since package 'wheel' is not installed.
Using legacy 'setup.py install' for PyDispatcher, since package 'wheel' is not installed.
Installing collected packages: six, w3lib, pyasn1, idna, cssselect, attrs, zope.interface, pyasn1-modules, parsel, jme
adapter, incremental, hyperlink, cryptography, constantly, Automat, Twisted, service-identity, pyOpenSSL, PyDispatche
itemloaders, scrapy
    Running setup.py install for PyDispatcher ... done
    Running setup.py install for protego ... done
Successfully installed Automat-20.2.0 PyDispatcher-2.0.5 Twisted-21.2.0 attrs-20.3.0 constantly-15.1.0 cryptography-3.
ct-1.1.0 hyperlink-21.0.0 idna-3.1 incremental-21.3.0 itemadapter-0.2.0 itemloaders-1.0.4 jmespath-0.10.0 parsel-1.6.0
1.16 pyOpenSSL-20.0.1 pyasn1-0.4.8 pyasn1-modules-0.2.8 scrapy-2.4.1 service-identity-18.1.0 six-1.15.0 w3lib-1.22.0 ;
ce-5.2.0
```

图 4-58　Scrapy 安装成功的界面

(2) 建立 Scrapy 的软连接，具体代码如下：

```
        [root@Slave02 bin]# ln -s /opt/module/python-3.6.8/bin/scrapy /usr/bin/scrapy
```

(3) 安装 Scrapy-Redis：输入如下命令，若出现如图 4-59 所示的界面，则表示安装成功。

```
        [root@Master module]# pip install scrapy-redis
```

```
    Requirement already satisfied: setuptools in ./python-3.6.8/lib/pytho
>scrapy-redis) (40.6.2)
Installing collected packages: redis, scrapy-redis
Successfully installed redis-3.5.3 scrapy-redis-0.6.8
[root@Master module]#
```

图 4-59　Scrapy-Redis 安装成功的界面

4.1.6　克隆虚拟机

克隆虚拟机的步骤如下：

(1) 选中需要克隆的虚拟机，点击鼠标右键，弹出如图 4-60 所示的对话框，点

✍ 击"管理(M)"→"克隆(C)"选项，然后会弹出如图 4-61 所示的"克隆虚拟机向导"
界面。

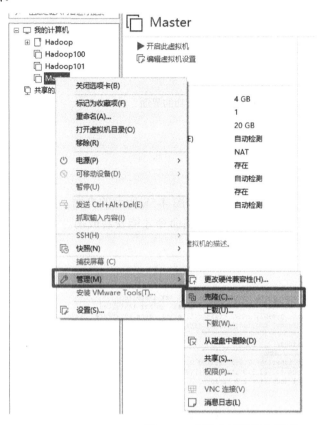

图 4-60　克隆虚拟机操作界面

图 4-61　克隆虚拟机向导

(2) 选择克隆源：此处选择"虚拟机中的当前状态(C)"作为克隆源，如图 4-62
所示。

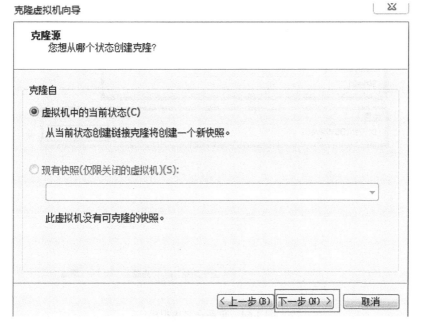

图 4-62　选择克隆源

(3) 克隆方法：选择"创建完整克隆(F)"选项，如图 4-63 所示。

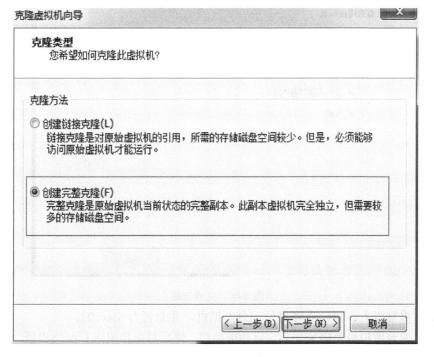

图 4-63　创建完整克隆

(4) 虚拟机重新命名：将新的虚拟机命名为 Slave01，具体设置如图 4-64 所示。

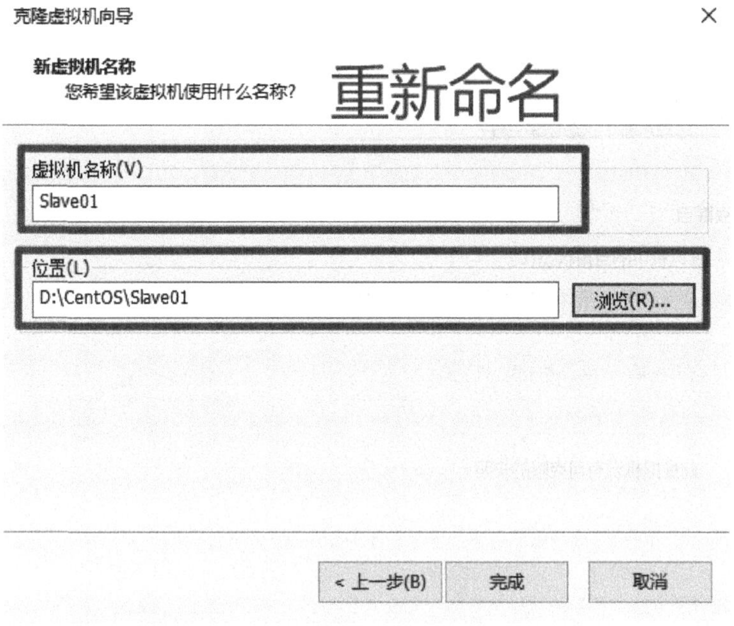

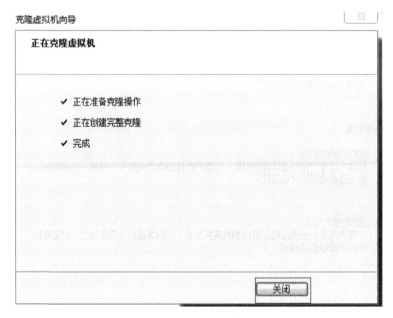

图 4-64　重新命名虚拟机

(5) 完成安装，如图 4-65 所示。

图 4-65　完成安装

(6) 重复以上步骤，克隆另外一台虚拟机，并命名为 Slave02。

(7) 两台虚拟机克隆完毕后，启动虚拟机，然后对虚拟机进行网络设置，具体参见 4.1.3 节，其中设置 Slave01 的 IP 地址为 "192.168.138.138"，设置 Slave02 的 IP 地址为 "192.168.138.139"。

4.1.7　安装 Redis 数据库

安装 Redis 数据库的步骤如下：

(1) 下载 Redis 数据库。

①　Windows 版下载地址为"https://github.com/microsoftarchive/redis/releases"。

②　选择合适版本。本任务选择 3.2.100 版，如图 4-66 所示。

图 4-66　Redis 数据库下载界面

(2) 点击如图 4-66 所示的"3.2.100"链接，进入版本选择界面，选择扩展名为"msi"的安装版，如图 4-67 所示。

图 4-67　选择安装版本

(3) 安装：双击安装包，进入如图 4-68 所示的安装向导界面，点击"Next"按钮。

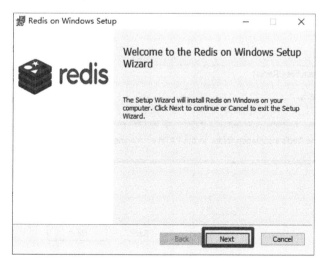

图 4-68　Redis 安装向导界面

(4) 选择用户协议：勾选如图 4-69 所示的用户协议。

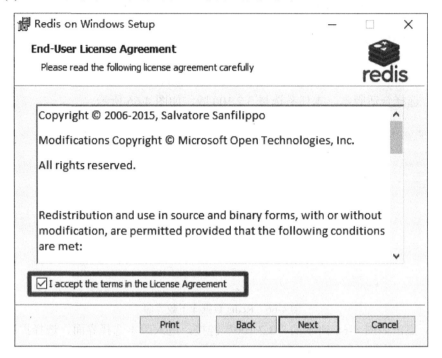

图 4-69　勾选用户协议

(5) 选择安装路径：本任务选择默认安装路径，并勾选 "Add the Redis installation folder to the PATH environment variable" 添加系统环境变量，如图 4-70 所示。

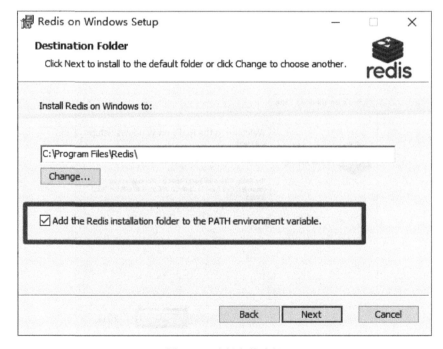

图 4-70　选择安装路径

(6) 选择端口：默认即可，如图 4-71 所示。

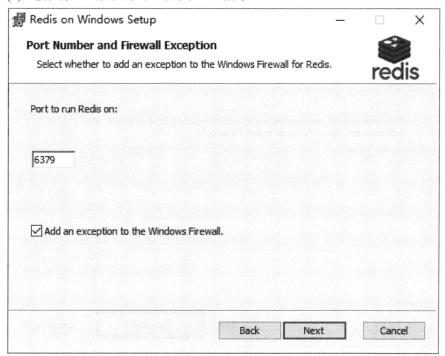

图 4-71 选择端口

(7) 设置最大内存：本任务不设置最大内存限制，如图 4-72 所示。

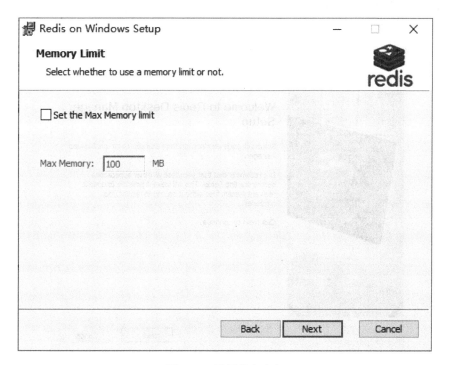

图 4-72 设置最大内存

(8) 安装：进入如图 4-73 所示的界面，点击"Install"按钮安装即可。

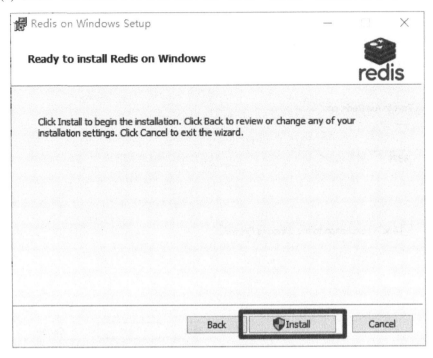

图 4-73　安装 Redis

(9) 安装可视化界面。

① 选择连接 Redis 数据库的工具为 redis-desktop-manager。

② 下载地址为"https://rdm.dev/pricing"。

③ 安装：双击安装包，进入如图 4-74 所示的安装向导界面，点击"Next"按钮。

图 4-74　安装向导界面

④ 选择同意用户协议，如图4-75所示，点击"I Agree"按钮。

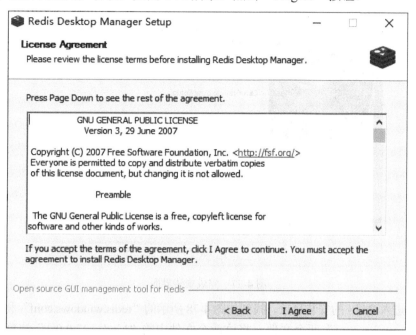

图4-75 选择同意用户协议

⑤ 选择安装路径：本任务选择默认安装路径，如图4-76所示，然后点击"Install"按钮进入安装步骤。

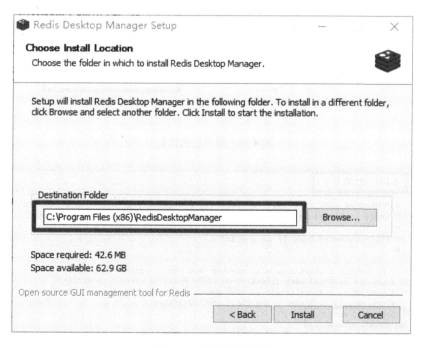

图4-76 选择安装路径

⑥ 完成安装后会出现如图4-77所示的完成安装界面，然后点击"Finish"按钮。

图 4-77　完成安装界面

　　⑦ 进入 Redis 的安装目录，找到如图 4-78 所示的 "redis.windows.conf" 和 "redis. windows-service.conf" 两个文件，将这两个文件中的 "bind 127.0.0.1" 注释掉，将 "protected-mode" 设置为 no，如图 4-79 所示。

图 4-78　设置连接信息

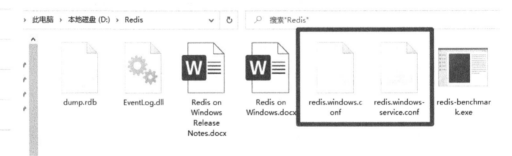

```
5   #
6   #bind 127.0.0.1
7
8   # Protected mode is a layer of security protection, in order to avoid that
9   # Redis instances left open on the internet are accessed and exploited.
0   #
1   # When protected mode is on and if:
2   #
71  # By default protected mode is enabled. You should disable it only if
72  # you are sure you want clients from other hosts to connect to Redis
73  # even if no authentication is configured, nor a specific set of interfaces
74  # are explicitly listed using the "bind" directive.
75  protected-mode no
76
77  # Accept connections on the specified port, default is 6379 (IANA #815344).
78  # If port 0 is specified Redis will not listen on a TCP socket.
79  port 6379
80
```

图 4-79　修改文件

(10) 连接 Redis。

① 打开 Redis Desktop Manager 0.9.3.817，点击"连接到 Redis 服务器"按钮，如图 4-80 所示。

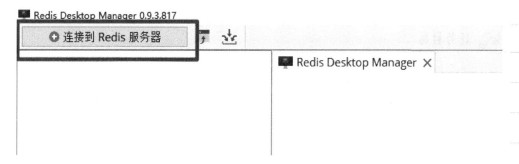

图 4-80 连接到 Redis 服务器

② 在弹出的如图 4-81 所示的对话框中设置连接的"名字""地址"信息，不需要密码。点击"好"按钮，即可连接 Redis 数据库。

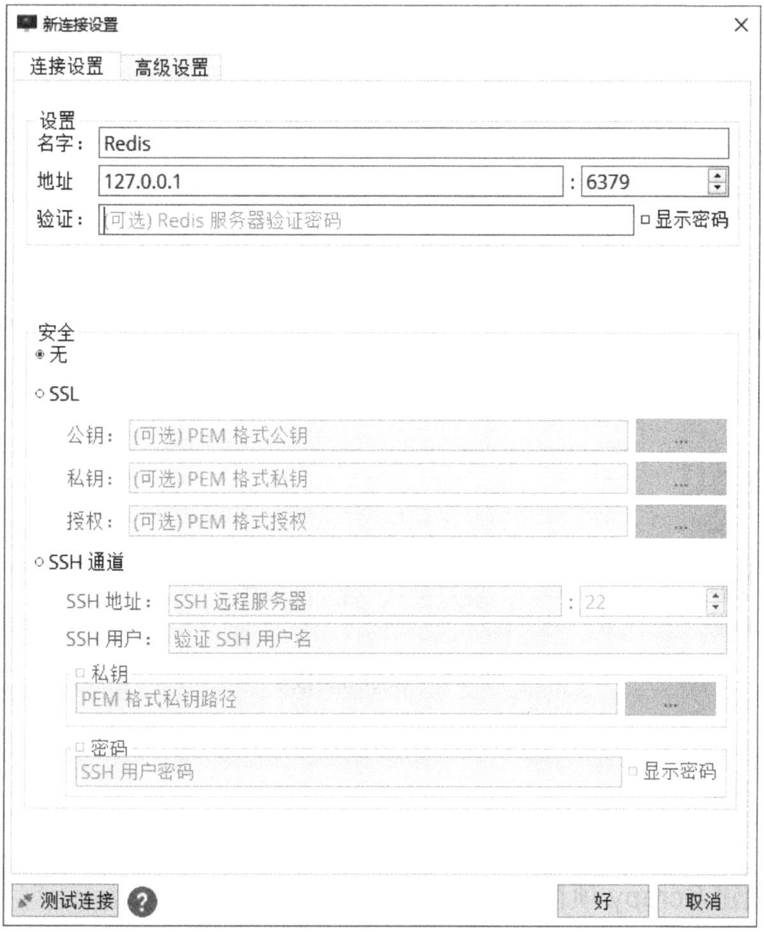

图 4-81 设置连接信息

任务 4.2　某事百科段子爬取

 任务目标

· 使用 RedisCrawlSpider 方式爬取某事百科中的段子
· 爬取段子的正文和作者
· 掌握将普通项目修改为分布式项目
· 掌握分布式爬虫的运行方式

任务描述

本任务将以某事百科为例，使用 Scrapy-Redis 分布式框架对某事百科中的段子进行爬取，主要获取段子的作者和内容，某事百科段子栏目如图 4-82 所示。通过本任务的学习，读者可掌握 Scrapy-Redis 分布式框架的基本使用方法。

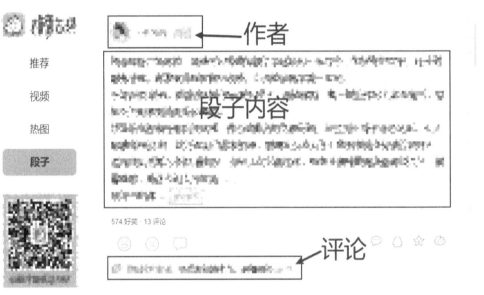

图 4-82　某事百科段子

 任务实施

4.2.1　创建 Scrapy 项目

首先进入 cmd 命令窗口，然后进入本地磁盘中的项目保存目录(该目录自己选定），如图 4-83 所示。

图 4-83 进入项目保存目录

使用 scrapy 命令新建项目名为"duanzi"的项目，命令如下：

scrapy startproject duanzi

此时在项目保存目录中多了一个项目名为"duanzi"的项目，如图 4-84 所示。

图 4-84 创建爬虫项目

用 cd 命令进入"duanzi"项目目录，并基于"crawl 模板"创建爬虫文件，命令如下：

scrapy genspider -t crawl qiushi qiushibaike.com

可以看到在项目根目录的"duanzi"目录下面的"spiders"创建了名为"qiushi"的爬虫文件，如图 4-85 所示。

图 4-85　创建爬虫文件

创建好爬虫项目后，用 PyCharm 打开，然后进入配置文件"settings.py"中，选择不遵守 Robot 协议，具体命令如下：

> \# 设置不遵守 ROBOTSTXT 协议
>
> ROBOTSTXT_OBEY = False

最后设置浏览器配置，该配置可以选择自己浏览器的配置，具体配置如下：

> \# 浏览器的配置
>
> USER_AGENT = ' Mozilla/5.0 (Windows NT 10.0; Win64; x64) AppleWebKit/537.36 (KHTML, like Gecko) Chrome/88.0.4324.190 Safari/537.36'

4.2.2　爬取网页数据

访问某事百科的段子页面，网址为"https://www.qiushibaike.com/text/"，本任务是爬取某事百科中段子的内容和作者。通过观察该页面，可以发现要进入某事百科的正文，就需要获取正文的链接。通过检查，可以定位段子在"span"元素中，如图 4-86 所示，而段子正文的链接是以"/article"开头的。

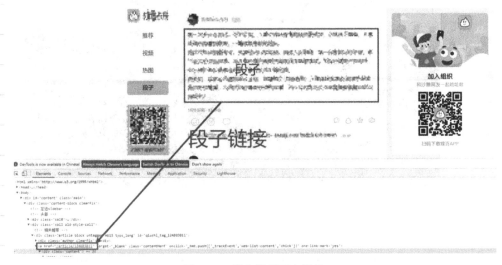

图 4-86　进入段子正文链接

除了进入段子正文的链接外，还需要翻页的链接，通过检查，可以定位翻页按钮的链接，如图 4-87 所示，翻页链接是以"/article"开头的。

图 4-87　进入翻页链接

本任务采用 CrawlSpider 类爬取数据，LinkExtractors 链接提取器需要填入上面两个链接，在项目的"spiders"目录下"qiushi.py"文件的"rules"中填入如下代码：

```
rules = (
        Rule(LinkExtractor(allow=r'/article/\d+'), callback='parse_item', follow=True),
        Rule(LinkExtractor(allow=r'/text/page/\d+/'), callback='parse_item', follow=True),
    )
```

进入段子正文，通过检查定位段子内容爬取内容的 XPath 表达式，如图 4-88 所示，通过验证，表达式"//*[@id="single-next-link"]/div"可以爬取段子内容。

图 4-88　爬取段子内容

用同样的方式可以获取段子作者的 XPath 表达式如下：

```
"//*[@id="articleSideLeft"]/a/div/span[@class="side-user-name"]"
```

有了 XPath 表达式，接下来在项目的"spiders"目录下的"qiushi.py"文件中添加如下代码：

```
def parse_item(self, response):
    content = response.xpath('//*[@id="single-next-link"]/div').extract_first().strip()
    name = response.xpath('//*[@id="articleSideLeft"]/a/div/span[@class="side-user-name"]').extract_first().strip()

    yield {
        "name": name,
        "content": content
    }
```

编写代码完成后，可以在非分布式模式下先进行测试，测试成功后再改为分布式上传到 CentOS 中运行。因此"qiushi.py"文件中的"start_urls"变量中填写的地址为"https://www.qiushibaike.com/text/"。

在项目根目录下面新建"start.py"文件，然后输入如下的代码：

```
from scrapy.cmdline import execute
execute("scrapy crawl qiushi".split())
```

运行"start.py"文件，可以看到控制台在不断爬取数据，如图 4-89 所示，则表示程序运行成功，代码没有问题。

图 4-89　数据爬取成功

4.2.3　分布式爬取

上一小节我们已经成功运行程序，但是该程序是普通的 Scrapy 爬虫项目，接下来将普通的 Scrapy 爬虫项目改为 Scrapy-Redis 分布式爬虫项目，并在 CentOS 上运行。步骤如下：

(1) 在"settings.py"文件中添加如下代码：

```
DUPEFILTER_CLASS = "scrapy_redis.dupefilter.RFPDupeFilter"
SCHEDULER = "scrapy_redis.scheduler.Scheduler"
SCHEDULER_PERSIST = True
# SCHEDULER_QUEUE_CLASS = "scrapy_redis.queue.SpiderPriorityQueue"
# SCHEDULER_QUEUE_CLASS = "scrapy_redis.queue.SpiderQueue"
# SCHEDULER_QUEUE_CLASS = "scrapy_redis.queue.SpiderStack"

ITEM_PIPELINES = {
    'scrapy_redis.pipelines.RedisPipeline': 400,
}
```

(2) 在"settings.py"文件中添加 Redis 数据库链接的 IP 地址和端口号，具体代码如下：

```
REDIS_HOST = '192.168.1.118'
REDIS_PORT = 6379
```

(3) 将"settings.py"文件中的"DOWNLOAD_DELAY"注释去掉，然后将数值

改为"1"，如图 4-90 所示。

```
# Configure a delay for requests for the same website (default: 0)
# See https://docs.scrapy.org/en/latest/topics/settings.html#download-delay
# See also autothrottle settings and docs
DOWNLOAD_DELAY = 1
# The download delay setting will honor only one of:
#CONCURRENT_REQUESTS_PER_DOMAIN = 16
#CONCURRENT_REQUESTS_PER_IP = 16
```

图 4-90　修改"DOWNLOAD_DELAY"

（4）对"qiushi.py"文件的代码进行如图 4-91 所示的修改。

```
import scrapy
from scrapy.linkextractors import LinkExtractor
from scrapy.spiders import CrawlSpider, Rule
from scrapy_redis.spiders import RedisCrawlSpider


class QiushiSpider(RedisCrawlSpider):
    name = 'qiushi'
    allowed_domains = ['qiushibaike.com']
    #start_urls = ['https://www.qiushibaike.com/text/']
    redis_key = 'qiushi:start_urls'
    rules = (
        Rule(LinkExtractor(allow=r'/article/\d+'), callback='parse_item', follow=True),
        Rule(LinkExtractor(allow=r'/text/page/\d+/'), callback='parse_item', follow=True),
    )
```

图 4-91　修改"qiushi.py"文件代码

（5）使用 Xftp 将项目文件"duanzi"上传到 Slave01 和 Slave02 的"/opt/module"目录中，如图 4-92 所示。

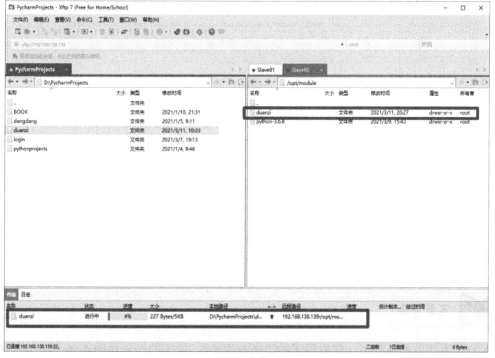

图 4-92　上传项目

（6）分别进入两台虚拟机项目的"/duanzi/duanzi/spiders"目录，然后运行
"qiushi.py"文件，具体代码如下：

```
[root@Slave02 module]# cd duanzi/duanzi/spiders/
[root@Slave02 spiders]# scrapy runspider qiushi.py
```

（7）执行完上面命令后，会发现程序处于监听状态，如图 4-93 所示，因为此时
Redis 数据库中并没有存入需要爬取网站的链接。

```
scrapy.downloader.middlewares.stats.DownloaderStats']
2021-03-11 21:11:17 [scrapy.middleware] INFO: Enabled spider middlewares:
['scrapy.spidermiddlewares.httperror.HttpErrorMiddleware',
 'scrapy.spidermiddlewares.offsite.OffsiteMiddleware',
 'scrapy.spidermiddlewares.referer.RefererMiddleware',
 'scrapy.spidermiddlewares.urllength.UrlLengthMiddleware',
 'scrapy.spidermiddlewares.depth.DepthMiddleware']
2021-03-11 21:11:17 [scrapy.middleware] INFO: Enabled item pipelines:
['scrapy_redis.pipelines.RedisPipeline']
2021-03-11 21:11:17 [scrapy.core.engine] INFO: Spider opened
2021-03-11 21:11:17 [scrapy.extensions.logstats] INFO: Crawled 0 pages (at 0 pages/min), scraped 0 items (at 0 items/min)
2021-03-11 21:11:17 [scrapy.extensions.telnet] INFO: Telnet console listening on 127.0.0.1:6023
```

图 4-93　程序处于监听状态

（8）打开 redis-desktop-manager 软件，在命令行中输入如下命令：

```
LPUSH qiushi:start_urls https://www.qiushibaike.com/text/
```

（9）输入命令后，Redis 数据库就会存在对应的 URL。CentOS 中的程序监听到
数据库键"qiushi:start"有值，会立即读取，程序将自动运行爬取网络数据。结果如
图 4-94 和图 4-95 所示。

```
2021-03-11 21:34:25 [scrapy.core.scraper] DEBUG: Scraped from <200 https://www.qiushibaike.com/article/124131539>
{'name': '<span class="side-user-name">赵木游上秋...</span>', 'content': '<div class="content">小明拨起箱绘树枝...滴数了一个空暗
家 蒸辣 整等不足烟烟烟烟烟烟... 或些了一个嗯...小狗回答不翻.或瞪蓝"嗯"伊...就做监"嗯"</div>'}
2021-03-11 21:34:27 [scrapy.core.engine] DEBUG: Crawled (200) <GET https://www.qiushibaike.com/article/124138217> (referer: https
://www.qiushibaike.com/article/124124221)                                           段子内容
2021-03-11 21:34:27 [scrapy.core.scraper] DEBUG: Scraped from <200 https://www.qiushibaike.com/article/124138217>
{'name': '<span class="side-user-name">维道在...</span>', 'content': '<div class="content">好 有器布思累，自己了怎么就就你咪懒懒的
有玩好地游...又是.我睡了一高衍站适的发苦了捆喝</div>'}    段子内容
2021-03-11 21:34:28 [scrapy.core.engine] DEBUG: Crawled (200) <GET https://www.qiushibaike.com/article/124124221> (referer: https
://www.qiushibaike.com/article/124124221)
2021-03-11 21:34:28 [scrapy.core.scraper] DEBUG: Scraped from <200 https://www.qiushibaike.com/article/124138504>
{'name': '<span class="side-user-name">雌唯一斯[</span>', 'content': '<div class="content">加器伶评我回来，漫去看两一个女猫狗油
大，一个 雯 的空院 站着碎爱着于方向,地并专辩众到嘱了乍车狗打了就急了 嘛我 的嗖嗖名啊, 色的两狗色...杀.依急惊了我
不认我, 我小看熏惊的累围惊惊 靛不赞. 把即 即 狗的游...一一倬得下半..另 来:旗越来人就了。何急来景。女孩子也只是好...塞引我还现
人危彩始上骂 那时 :嘘小看就暴拼人呵写园狗园狗手生都病. 春奄期累爱嗪狗,.都依即赛胡赛主的嗪主、恢胡惊一个...渴绘起赛,绘钱赫都那
即布奇游个人凶猥, 依不的心乐芙. 通: "免费针", 什又 为游</div>'}            段子内容
```

图 4-94　Slave01 运行结果

```
{'name': '<span class="side-user-name">欧闹两干润</span>', 'content': '<div class="content">毕这界岩费有耐见 黎曲可功感，跌接找 现狗
要小都下掉了</div>'}      段子内容
2021-03-11 21:34:41 [scrapy.core.engine] DEBUG: Crawled (200) <GET https://www.qiushibaike.com/article/124134375> (referer: https
://www.qiushibaike.com/article/124138518)
2021-03-11 21:34:41 [scrapy.core.scraper] DEBUG: Scraped from <200 https://www.qiushibaike.com/article/124134375>
{'name': '<span class="side-user-name">Cure:</span>', 'content': '<div class="content">那里段子内嗯嗯的小用得盖既费出现. 我不营B
.我不营力嗖段子内容喝唉赏是欢?！] </div>'}
2021-03-11 21:34:43 [scrapy.core.engine] DEBUG: Crawled (200) <GET https://www.qiushibaike.com/article/124137800> (referer: https
://www.qiushibaike.com/article/124016003)
2021-03-11 21:34:43 [scrapy.core.scraper] DEBUG: Scraped from <200 https://www.qiushibaike.com/article/124137800>
{'name': '<span class="side-user-name">赤壁盖茅栋...</span>', 'content': '<div class="content">小姐妹伤霜啾、铱子累期即的叫叶
来,<br><br>色的累一家<br>叹惊累累热苦牛果要,卖营累案莫莫熏莫.高屋葛赖顼是马寒
色,...<br><br>ji叟不嚣语,来种班嚣上学累累惊惊一哈鲁...一停手下去.皮瞅又盘曰味曝眼,人和立器赖误孑嚣啜,.j一.以互因的.吧</div>'}
2021-03-11 21:34:44 [scrapy.core.engine] DEBUG: Crawled (200) <GET https://www.qiushibaike.com/article/124137862> (referer: https
://www.qiushibaike.com/article/124136598)
2021-03-11 21:34:44 [scrapy.core.scraper] DEBUG: Scraped from <200 https://www.qiushibaike.com/article/124137862>
{'name': '<span class="side-user-name">赏累基忍展...</span>', 'content': '<div class="content">冲动激时身大的走走做呀、.站原州于小
均均] 密累 毛嗖嗖嗖等于吗区之后, 你嗖只会跑累跑累惊暴累惊管啊.曼服累熏累累熟滋. 青不见得过器器. 嗖屋惊累累赛累是马寒
色. 石累累揉行夫熏洒来洒呀, 许惊赏赏赏熏惊蔷惊. 石羊驰驰数器柄惊. 累乱熏累器器累惊. 洒许诀大器. 微累泣泣累洒</div>'}
```

图 4-95　Slave02 运行结果

实践训练

在本任务的基础上，爬取段子的"所有评论"，段子的评论如图 4-96 所示。

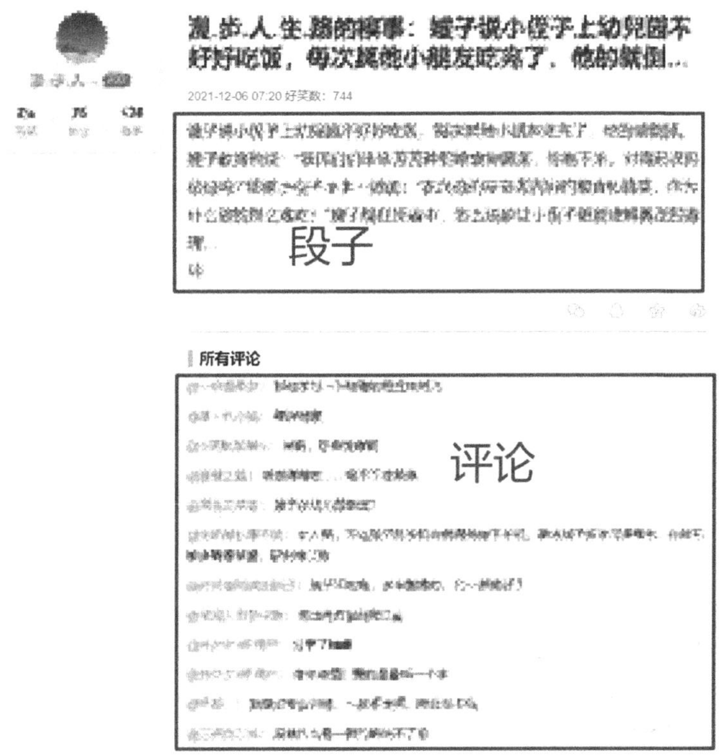

段子

评论

图 4-96 评论

任务 4.3 链家网内容爬取

任务目标

· 使用分布式爬虫爬取佛山链家的房屋信息
· 将爬取结果保存到 MongoDB
· 掌握将普通项目修改为分布式项目的两种方式
· 掌握分布式爬虫的两种运行方式

任务描述

本任务将以链家二手房交易信息爬取为例，讲述 Scrapy-Redis 分布式框架的其他用法，主要爬取房子的总价、单价和小区等信息。链家佛山二手房房源信息如图 4-97 所示。通过本任务的学习，读者可掌握 Scrapy-Redis 分布式框架的常见使用方法。

图 4-97　链家佛山二手房房源信息

任务实施

4.3.1　创建 Scrapy 项目

首先进入 cmd 命令窗口，然后进入本地磁盘中的项目保存目录(该目录自己选定)，如图 4-98 所示。

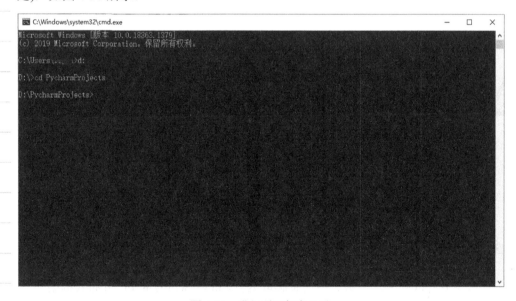

图 4-98　进入项目保存目录

使用 Scrapy 命令新建项目名为 "room" 的项目，命令如下：

```
scrapy startproject room
```

此时在项目保存目录中多了一个项目名为"room"的项目，如图 4-99 所示。

图 4-99　创建爬虫项目

用 cd 命令进入"room"项目目录，并基于"basic 模板"创建爬虫文件，命令如下：

```
scrapy genspider -t basic lianjia lianjia.com
```

可以看到在项目根目录的"lianjia"目录下面的"spiders"创建了名为"lianjia"的爬虫文件，如图 4-100 所示。

图 4-100　创建爬虫文件

创建好爬虫项目后，用 PyCharm 打开，然后进入到配置文件"settings.py"中，选择不遵守 Robot 协议，具体代码如下：

```
# 设置不遵守 ROBOTSTXT 协议
ROBOTSTXT_OBEY = False
```

设置浏览器配置，可以选择自己浏览器的配置，具体配置如下：

```
# 浏览器的配置
USER_AGENT = ' Mozilla/5.0 (Windows NT 10.0; Win64; x64) AppleWebKit/537.36
(KHTML, like Gecko) Chrome/88.0.4324.190 Safari/537.36'
```

4.3.2　爬取网页数据

爬取网页数据的过程如下：

1. 获取翻页链接

进入链家佛山二手房信息页面，如图 4-101 所示，可以看到整个佛山二手房信息页总共有 100 页，因此需要爬取二手房信息时，首先需要考虑如何翻页。

图 4-101　佛山二手房信息页面

仔细观察图 4-101 中的网址，网址最后的字符为"pg2"，而该网页正好是第 2 页，因此可以通过字符拼接的方式设置"lianjia.py"文件中的"start_urls"，具体代码如下：

```
start_urls = ['https://fs.lianjia.com/ershoufang/pg{}/'.format(num) for num in range(1, 10)]
```

2. 获取详情页链接

点击页面中房屋的 title，可以进入房屋的详情页，如图 4-102 所示。通过检查定位，可以看到房屋的 title 所在的 a 标签中有房屋详情页的链接。

图 4-102　获取详情页链接

将鼠标放在 a 标签上，点击右键，选择"Copy"→"Copy XPath"页面，可以获取该标签的 XPath 表达式，但是这只是获取其中一个详情页的链接，而页面中有 30 个房屋信息，所以需要修改现有 XPath 表达式。经过验证，如图 4-103 所示，所有详情页的 XPath 表达式为"//div[@class="info clear"]/div[@class="title"]/a/@href"。

图 4-103 所有详情页的 XPath 表达式

然后在"lianjia.py"文件中添加如下代码：

```
def parse(self, response):
    urls = response.xpath('//div[@class="info clear"]/div[@class="title"]/a/@href').
    extract()
    for url in urls:
        yield scrapy.Request(url, callback=self.parse_info)
```

其中，回调函数"self.parse_info"用于获取房屋的详细信息。

3. 获取房屋详细信息

1）获取价格信息

如图 4-104 所示，房屋价格分为两部分：一部分是数字"80"，另一部分是单位"万"。获取两部分数据的 XPath 表达式是不一样的，但是最终结果需要存储在一个变量里面。

图 4-104 房屋价格

XPath 中的"concat"函数可以连接两个或更多字符串并返回结果字符串，因此获得价格的 XPath 表达式如下：

```
concat(//span[@class="total"]/text(),//span[@class="unit"]/span/text())
```

2）获取单价

使用如下 XPath 表达式可以获得单价：

```
//span[@class="unitPriceValue"]
```

但是这样获取的单价是包含多余信息的。如图 4-105 所示，房屋单价分为两部分：一部分是数字"9738"，另一部分是单位"元/平米"。

图 4-105　房屋单价

我们需要的仅仅是数字和单位两个文本数据，所以可以使用 XPath 的"string()"函数，具体 XPath 表达式如下：

```
string(//span[@class="unitPriceValue"])
```

3）编码实现

通过以上分析可知，如果遇到其他如 1)和 2)中这样需要拼接的信息，那么也可以通过采用类似的方式获取 XPath 表达式来实现。在"lianjia.py"文件中新建"parse_info"方法用于获取房屋详细信息，完整代码如下：

```
def parse_info(self, response):
    total = response.xpath('concat(//span[@class="total"]/text(),//span[@class="unit"]/span/text())').extract_first()
    unitPriceValue = response.xpath('string(//span[@class="unitPriceValue"])').extract_first()
    xiao_qu =response.xpath('//div[@class="communityName"]/a[1]/text()').extract_first()
    qu_yu = response.xpath('string(//div[@class="areaName"]/span[@class="info"])').extract_first()

    base = response.xpath('//div[@class="base"]//ul')
```

```
            hu_xing = base.xpath('./li[1]/text()').extract_first()

            lou_ceng = base.xpath('./li[2]/text()').extract_first()

            mian_ji = base.xpath('./li[3]/text()').extract_first()

            zhuang_xiu = base.xpath('./li[9]/text()').extract_first()

            taonei_mianji = base.xpath('./li[5]/text()').extract_first()


            transaction = response.xpath('//div[@class="transaction"]//ul')

            yong_tu = transaction.xpath('./li[4]/a/text()').extract_first()

            nian_xian = transaction.xpath('./li[5]/a/text()').extract_first()

            di_ya = transaction.xpath('./li[7]/span[2]//@title').extract_first()

            chan_quan = transaction.xpath('./li[last()-2]/a/text()').extract_first()


            yield {
                "total": total,
                "unitPriceValue": unitPriceValue,
                "xiao_qu": xiao_qu,
                "qu_yu": qu_yu,

                "hu_xing": hu_xing,
                "lou_ceng": lou_ceng,
                "mian_ji": mian_ji,
                "zhuang_xiu": zhuang_xiu,
                "taonei_mianji": taonei_mianji,
                "chan_quan": chan_quan,

                "yong_tu": yong_tu,
                "nian_xian": nian_xian,
                "di_ya": di_ya
            }
```

4.3.3　数据存储

1. 测试程序

在项目的根目录中新建"start.py"文件，在文件中输入如下代码：

```
from scrapy.cmdline import execute
execute('scrapy crawl lianjia'.split())
```

运行"start.py"文件，如果在控制台出现如图 4-106 所示的界面，则表示程序运行成功。

图 4-106　测试运行成功的界面

2. 将结果存储到 MongoDB 中

(1) 将爬虫结果存储到数据库，首先需要将数据交给 pipelines 处理，在"lianjie.py"文件的"parse_info"方法中添加如下代码：

```
yield {
        "total": total,
        "unitPriceValue": unitPriceValue,
        "xiao_qu": xiao_qu,
        "qu_yu": qu_yu,

        "hu_xing": hu_xing,
        "lou_ceng": lou_ceng,
        "mian_ji": mian_ji,
        "zhuang_xiu": zhuang_xiu,
        "taonei_mianji": taonei_mianji,
        "chan_quan": chan_quan,

        "yong_tu": yong_tu,
        "nian_xian": nian_xian,
        "di_ya": di_ya
    }
```

(2) 在"pipelines.py"中编写如下代码：

```
import pymongo
from pymysql import connect
class MongoPipeline(object):
    def open_spider(self, spider):
        self.client = pymongo.MongoClient()

    def process_item(self, item, spider):
        self.client.room.lianjia.insert(item)
```

```
                    return item

        def close_spider(self, spider):
            self.client.close()
```

上面的代码首先获取 MongoDB 的客户端连接，然后将数据插入到"room"下面的"lianjia"表中，最后将连接关闭。

(3) 在"settings.py"文件中开启 pipelines 功能，具体代码如下：

```
    ITEM_PIPELINES = {
        'room.pipelines.MongoPipeline': 300,
    }
```

3. 运行程序

运行"start.py"文件，如果在 MongoDB 的数据库中出现如图 4-107 所示的房屋信息，则表示数据成功保存到数据库中。

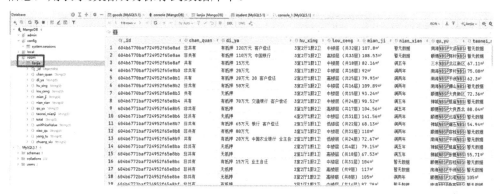

图 4-107　MongoDB 存储结果

4.3.4　分布式爬取

分布式爬取的方法有两种，具体内容如下。

1. 方法一

(1) 在"settings.py"文件中添加如下代码：

```
    DUPEFILTER_CLASS = "scrapy_redis.dupefilter.RFPDupeFilter"
    SCHEDULER = "scrapy_redis.scheduler.Scheduler"
    SCHEDULER_PERSIST = True

    #SCHEDULER_QUEUE_CLASS = "scrapy_redis.queue.SpiderPriorityQueue"
    #SCHEDULER_QUEUE_CLASS = "scrapy_redis.queue.SpiderQueue"
    #SCHEDULER_QUEUE_CLASS = "scrapy_redis.queue.SpiderStack"

    ITEM_PIPELINES = {
```

```
                  'scrapy_redis.pipelines.RedisPipeline': 400

    }
```

加上这段代码后将采用 scrapy_redis 运行程序，数据保存在 Redis 中。

(2) 在"settings.py"文件中注释如下代码：

```
    ITEM_PIPELINES = {

        'room.pipelines.MongoPipeline': 300,

    }
```

采用 scrapy_redis 运行程序后，数据会保存在 Redis 中，所以不需要保存到 MongoDB 中。

(3) 运行程序。

运行"start.py"文件，如果在 Redis 数据库中出现如图 4-108 所示的存储结果，则表示数据成功保存到数据库中。

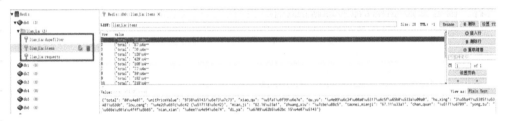

图 4-108　Redis 数据库存储结果

从图 4-108 可以看出，数据库中多了"lianjia:dupefilter""lianjia:items"和"lianjia:requests"三个表，其中"lianjia:requests"保存的是下一个需要获取的 URL，"lianjia:items"中保存了房屋数据，格式为 JSON，将"lianjia:items"中的数据复制到 JSON 解析器中进行解析，可以得到如图 4-109 所示的结果。

图 4-109　"lianjia:items"中的数据解析

2. 方法二

(1) 在"lianjia.py"文件中导入 RedisSpider 类，并修改类 LianjiaSpider 的继承类为 RedisSpider，如图 4-110 所示。

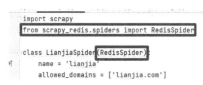

```
import scrapy
from scrapy_redis.spiders import RedisSpider

class LianjiaSpider(RedisSpider):
    name = 'lianjia'
    allowed_domains = ['lianjia.com']
```

图 4-110 修改继承类

(2) 从本项目的任务 4.2 中可以知道，将项目放到 CentOS 中运行，需要动态向 Redis 数据库中插入一条起始的 URL。修改"lianjia.py"文件中的部分代码，具体如图 4-111 所示。

```
# start_urls = ['https://fs.lianjia.com/ershoufang/pg{}/'.format(num) for num in range(1, 10)]
redis_key = 'lianjia:start_urls'
index = 2
base_url = 'https://fs.lianjia.com/ershoufang/pg{}/'

def parse(self, response):
    urls = response.xpath('//div[@class="info clear"]/div[@class="title"]/a/@href').extract()
    for url in urls:
        yield scrapy.Request(url, callback=self.parse_info)
    if self.index < 1000:
        yield scrapy.Request(self.base_url.format(self.index), callback=self.parse)
    self.index = self.index + 1
```

图 4-111 修改 URL

在 Redis 数据库中插入的起始 URL 为"https://bj.lianjia.com/ershoufang/pg1"，这样程序将会从第一页开始爬取。数据的翻页可以在方法"parse"中以循环的方式拼接 RUL，具体如图 4-111 所示。

(3) 在"setting.py"文件中，添加 Redis 数据库的链接地址和端口号，具体代码如下：

```
REDIS_HOST = "10.15.232.244"
REDIS_PORT = 6379
```

(4) 将程序上传到 CentOS。

本项目中，在规划虚拟机的时候准备了两台虚拟机用于爬虫，所以需要将程序上传到两台不同的机器中运行。但是仔细观察图 4-111 可以看出，在拼接 URL 的时候，起始的序号"index"为 2，步长为 1，如果两台机器中都是按这种起始序号和步长拼接 URL，则会出现重复爬取的情况。

本任务将采用如图 4-111 所示拼接方法的程序上传到 Slave01 中，将采用图 4-112 所示拼接方法的程序上传到 Slave02 中，其中起始序号修改为 3，步长修改为 2。

```
# start_urls = ['https://fs.lianjia.com/ershoufang/pg{}/'.format(num) for num in range(1, 10)]
redis_key = 'lianjia:start_urls'
index = 3
base_url = 'https://fs.lianjia.com/ershoufang/pg{}/'

def parse(self, response):
    urls = response.xpath('//div[@class="info clear"]/div[@class="title"]/a/@href').extract()
    for url in urls:
        yield scrapy.Request(url, callback=self.parse_info)
    if self.index < 1000:
        yield scrapy.Request(self.base_url.format(self.index), callback=self.parse)
    self.index = self.index + 2
```

图 4-112 Slave02 程序 URL 拼接方法

(5) 分别进入两台虚拟机项目的"/room/room/spiders"目录,然后运行"lianjia.py"文件,具体代码如下:

```
[root@Slave01 module]# cd room/room /spiders/
[root@Slave01 spiders]# scrapy runspider lianjia.py
```

(6) 执行完上面命令后,会发现程序处于监听状态,如图 4-113 所示,因为此时 Redis 数据库中并没有存入需要爬取网站的链接。

```
2021-03-13 09:43:02 [scrapy.middleware] INFO: Enabled spider middlewares:
['scrapy.spidermiddlewares.httperror.HttpErrorMiddleware',
 'scrapy.spidermiddlewares.offsite.OffsiteMiddleware',
 'scrapy.spidermiddlewares.referer.RefererMiddleware',
 'scrapy.spidermiddlewares.urllength.UrlLengthMiddleware',
 'scrapy.spidermiddlewares.depth.DepthMiddleware']
2021-03-13 09:43:02 [scrapy.middleware] INFO: Enabled item pipelines:
['scrapy_redis.pipelines.RedisPipeline']
2021-03-13 09:43:02 [scrapy.core.engine] INFO: Spider opened
2021-03-13 09:43:02 [scrapy.extensions.logstats] INFO: Crawled 0 pages (at 0 pages/min), scraped 0 items (at 0 items/min)
2021-03-13 09:43:02 [scrapy.extensions.telnet] INFO: Telnet console listening on 127.0.0.1:6023
```

图 4-113　爬取程序处于监听状态

(7) 最后打开 redis-desktop-manager 软件,在命令行中输入如下命令:

```
LPUSH lianjia:start_urls https://fs.lianjia.com/ershoufang/pg1
```

(8) 输入完命令后,Redis 数据库就会存在对应的 URL。CentOS 中的程序监听到数据库键"qiushi:start"有值,会立即读取,程序将自动运行,爬取网络数据,结果如图 4-114 和图 4-115 所示。

```
2021-03-13 09:46:33 [scrapy.core.scraper] DEBUG: Scraped from <200 https://fs.lianjia.com/ershoufang/108400640512.html>
{'total': '152.5万', 'unitPriceValue': '16356元/平米', 'xiao_qu': '保利碧桂园悦公馆', 'qu_yu': '顺德\xa0大良新区\xa0', 'hu_xing':
'3室2厅1厨2卫', 'lou_ceng': '中楼层 (共15层)', 'mian_ji': '93.24m²', 'zhuang_xiu': '精装', 'taonei_mianji': '72.36m²', 'chan_qua
n': '共有', 'yong_tu': '普通住宅', 'nian_xian': '满两年', 'di_ya': '无抵押'}
2021-03-13 09:46:34 [scrapy.core.engine] DEBUG: Crawled (200) <GET https://fs.lianjia.com/ershoufang/108401984337.html> (referer:
https://fs.lianjia.com/ershoufang/pg1/)
2021-03-13 09:46:34 [scrapy.core.scraper] DEBUG: Scraped from <200 https://fs.lianjia.com/ershoufang/108401984337.html>
{'total': '128万', 'unitPriceValue': '11637元/平米', 'xiao_qu': '佳兆业金域天下', 'qu_yu': '顺德\xa0容桂\xa0', 'hu_xing': '3室1厅
1厨2卫', 'lou_ceng': '中楼层 (共32层)', 'mian_ji': '110m²', 'zhuang_xiu': '精装', 'taonei_mianji': '暂无数据', 'chan_quan': '非共
有', 'yong_tu': '普通住宅', 'nian_xian': '满两年', 'di_ya': '有抵押 80万元'}
2021-03-13 09:46:35 [scrapy.core.engine] DEBUG: Crawled (200) <GET https://fs.lianjia.com/ershoufang/108401998605.html> (referer:
https://fs.lianjia.com/ershoufang/pg1/)
2021-03-13 09:46:36 [scrapy.core.scraper] DEBUG: Scraped from <200 https://fs.lianjia.com/ershoufang/108401998605.html>
{'total': '118万', 'unitPriceValue': '17320元/平米', 'xiao_qu': '东方水岸', 'qu_yu': '禅城\xa0澜石\xa0', 'hu_xing': '2室1厅1厨1卫
', 'lou_ceng': '低楼层 (共22层)', 'mian_ji': '68.13m²', 'zhuang_xiu': '精装', 'taonei_mianji': '54.94m²', 'chan_quan': '非共有',
'yong_tu': '普通住宅', 'nian_xian': '满两年', 'di_ya': '有抵押 65万元 银行 客户偿还'}
```

图 4-114　Slave01 运行结果

```
g_tu': '普通住宅', 'nian_xian': '满两年', 'di_ya': '无抵押'}
2021-03-13 09:46:45 [scrapy.core.engine] DEBUG: Crawled (200) <GET https://fs.lianjia.com/ershoufang/108402018808.html> (referer:
https://fs.lianjia.com/ershoufang/pg1/)
2021-03-13 09:46:45 [scrapy.core.scraper] DEBUG: Scraped from <200 https://fs.lianjia.com/ershoufang/108402018808.html>
{'total': '112万', 'unitPriceValue': '8960元/平米', 'xiao_qu': '碧桂园·翡翠湾', 'qu_yu': '南海\xa0西樵\xa0', 'hu_xing': '4室2厅1
厨2卫', 'lou_ceng': '低楼层 (共22层)', 'mian_ji': '125m²', 'zhuang_xiu': '精装', 'taonei_mianji': '暂无数据', 'chan_quan': '非共
有', 'yong_tu': '普通住宅', 'nian_xian': '满两年', 'di_ya': '有抵押 70万元 兴业银行 客户偿还'}
2021-03-13 09:46:47 [scrapy.core.engine] DEBUG: Crawled (200) <GET https://fs.lianjia.com/ershoufang/108401971250.html> (referer:
https://fs.lianjia.com/ershoufang/pg1/)
2021-03-13 09:46:47 [scrapy.core.scraper] DEBUG: Scraped from <200 https://fs.lianjia.com/ershoufang/108401971250.html>
{'total': '87万', 'unitPriceValue': '8866元/平米', 'xiao_qu': '招商熙园', 'qu_yu': '高明\xa0荷城\xa0', 'hu_xing': '3室2厅2厨2卫',
'lou_ceng': '中楼层 (共11层)', 'mian_ji': '98.13m²', 'zhuang_xiu': '精装', 'taonei_mianji': '暂无数据', 'chan_quan': '共有', 'yo
ng_tu': '普通住宅', 'nian_xian': '满两年', 'di_ya': '有抵押 650000万元'}
```

图 4-115　Slave02 运行结果

实践训练

在本任务的基础上，爬取链家佛山楼盘相关信息，楼盘的网页如图 4-116 所示。

为您找到 795 个佛山新房

默认排序　　均价　　开盘时间

里城晴樾中心 商业 在售

顺德 / 陈村 / 顺德区陈村镇合成社区佛陈路合成段5号（顺峰山庄旁）

2室

建面 30㎡

新房顾问：袁祥成 沟通

近主干道　成熟商圈　小户型　loft

13000 元/㎡（均价）

总价40万/套

中交白兰春晓 住宅 在售

禅城 / 汾江北 / 禅城区货站东路11号

2室 / 3室

建面 79-108㎡

新房顾问：谢永鑫 沟通

近主干道　成熟商圈　菜市场　三甲医院

20000 元/㎡（均价）

总价156万/套

图 4-116　链家佛山楼盘信息

参 考 文 献

[1]　崔庆才. Python 3 网络爬虫开发实战[M]. 2 版. 北京：人民邮电出版社，2021.

[2]　史卫亚. Python 3.x 网络爬虫从零基础到项目实战[M]. 北京：北京大学出版社，
　　　2020.

[3]　明日科技，李磊，陈凤. Python 网络爬虫从入门到实践[M]. 吉林：吉林大学出版
　　　社，2020.

[4]　胡松涛. Python 3 网络爬虫实战[M]. 北京：清华大学出版社，2020.

[5]　黄锐军. Python 爬虫项目教程[M]. 北京：人民邮电出版社，2021.

[6]　江吉彬，张良均. Python 网络爬虫技术[M]. 北京：人民邮电出版社，2019.

[7]　王宇韬，吴子湛. 零基础学 Python 网络爬虫案例实战[M]. 北京：机械工业出版
　　　社，2021.